U0942575

好形象赢人生

女性形象管理必修课

孙岩 著

中国商业出版社

图书在版编目（CIP）数据

好形象赢人生：女性形象管理必修课 / 孙岩著. -- 北京：中国商业出版社，2023.4

ISBN 978-7-5208-2465-1

Ⅰ. ①好… Ⅱ. ①孙… Ⅲ. ①女性－形象－设计 Ⅳ. ①B834.3

中国国家版本馆 CIP 数据核字（2023）第 070371 号

责任编辑：许启民

策划编辑：武维胜

中国商业出版社出版发行

（www.zgsycb.com 100053 北京广安门内报国寺 1 号）

总编室：010-63180647 编辑室：010-83128926

发行部：010-83120835/8286

新华书店经销

北京时尚印佳彩色印刷有限公司印刷

*

710 毫米 ×1000 毫米 16 开 16 印张 162 千字

2023 年 4 月第 1 版 2023 年 4 月第 1 次印刷

定价：98.00 元

* * * *

作者简介

孙岩

jushangmei.com

女人如花，花一样地绽放；女人如玉，玉一样的内涵。

孙岩，一直从事“护花”的美丽事业，坚定地为打造女性形象价值努力了二十多年。她觉得让女性的外在变得更美丽，更优雅，内在更深邃有内涵，才更有女性独特的气质与韵味。因此她创立了“聚尚美”品牌，并精心打造了《女性形象密码》美学系统、《四维形象定位》美学系统。

作为创始人，她始终走在美的前沿。更是凭借自己的才华，成就了自己多维度的身份：高级形象设计评审、ICIT 注册形象培训师、高级创业指导师、高级婚姻家庭咨询师，并多年从事公益事业。同时，受邀成为“我是好讲师”系列大赛评委、全国妇联《中国妇女》杂志服饰栏目指导专家、北京市女企业家协会理事。

孙岩始终坚守着自己的人生梦想：让中国女性成为世界的榜样！

形象

赋能

个人价值

写在前面

中国女性的礼仪之美，讲究优、雅、正。所谓优，美好之意；雅，仪态之美；正，合乎规范。在人际交往中，为了相互尊重，在仪容、仪表、言谈举止等方面都应该得体大方，使自己更加优雅、端庄、从容。

或许有些人对于保持良好的形象仅仅停留在人际关系层面上，认为保持良好形象就是为了结交朋友。其实不然，这里还有更深层次的社会心理原因。一方面，任何一个人在特定场合的举手投足、交往谈吐、着装、风格与品位等都在向别人表明自己的社会地位、受教育程度、经济水平、可信任程度、个人品行、成熟度、家庭教养情况、是否成功等信息。另一方面，个人形象是给别人留下的第一印象，这会直接影响今后很长时间的交往水平和交往质量，可以说第一印象对人的影响非常重要。

每天早上出门之时，女性朋友得体的穿戴，合适的发型，悦耳的声音，优美的体态，会让心情一天都充满快乐，也会给周围的人留下有修养、有品位的好印象。可以说，女性的仪表之美，就是其内在气质的外在呈现。

因此，女性形象管理是我们在生活中不可缺少的一种能力。因为没有人不喜欢那些举止得体、热情友善、真诚自信的人，而一个人内在的品质、才能和信念，也必然会通过外在的形象、举止来展示。在举手投足间，既可能取得别人的信任，也可能引起别人的反感，因为没有人会喜欢一个形象糟糕的人。

本书围绕形象观、色彩观、服饰风格观、社交礼仪观及审美观等，聚焦女性形象，着重阐述形象管理对于女性的重要性，以及形象为女性各种角色带来的影响力。对于女性而言，拥有好形象可以获得自信心、好印象，以及更多的机会；对于职场女性而言，拥有好形象可以让员工及客户对自己更具信心和信赖；对于母亲而言，拥有好形象可以成为孩子的好榜样，给孩子更加正向积极的影响；对于妻子而言，拥有好形象可以成为爱人的骄傲。穿衣打扮，如此平常却又不简单，对于女性而言，唯有注重生活细节，才能释放个人魅力。

目录

第一章 形象美学是一生的价值助力

每个人的意识里都藏有一颗爱美的种子。喜欢关于美的一切事物，是人最本性的外露。莎士比亚说："一千位观众眼中有一千个哈姆雷特。"但如果问，什么样的女性最吸引人？却可能得到相同的答案：独具韵味的女性最引人注目。而这韵味便来自女性的形象。

第二章 仪容表达你的最佳面部魅力

这个世界万物演变，没有一刻停歇，"美"也是一样。譬如一位面容姣好的少女静坐在那里，在路人、画家、旅行者眼中，所见各有不同。路人见样貌，虽匆匆而过，却也有一瞬的悦目；画家见其神韵，刻在心里，绘于画布之上，最后被装裱起来欣赏；旅行者见其姿态，默默地赞叹世间竟能滋养出这般俏丽的女子。所有这些无不体现出仪容的魅力所在。

第三章 掌握色彩的秘密瞬间提升你的品位

每个人生活在一个色彩缤纷的世界里，每一种天气每一个季节都有它最独特的颜色。色彩文化是人们日常生活不可缺少的一部分，每个色彩都有其不同的含义和蕴含其中的历史文化。奥黛丽·赫本说：“我喜

第五章 隐含在服饰细节中的魅力

时装大师伊夫·圣罗兰说：“配饰的重要性再强调也不过分。”确实，没有配饰的时尚是不完整的，很多穿衣风格有问题或遇到瓶颈的人，通常就是忽略了配饰这一项内容。配饰是让你的衣服变得出众，是让整套衣服看起来“属于你风格”的秘密武器，在配饰上花费时间是值得的。

第六章 优雅的仪态是最动人的影响力

拥有天然美的女性自然很吸引人，但若没有优雅的仪态加持，终不过是个没有灵魂的花瓶。奥黛丽·赫本说："优雅是唯一不会褪色的美。"天然美是一种力量，但和被礼仪修养润泽出的高贵、知性、聪慧、率真、善良等品质比起来却会逊色三分。

第一章

形象美学是一生的价值助力

每个人的意识里都藏有一颗爱美的种子。喜欢关于美的一切事物，是人最本性的外露。莎士比亚说：“一千位观众眼中有一千个哈姆雷特。”但如果问，什么样的女性最吸引人？却可能得到相同的答案：独具韵味的女性最引人注目。而这韵味便来自女性的形象。

形象看似是虚无抽象的一种特质，但其影响力却远大于实际力量，这是一个女性外在形象、言谈举止、举手投足等诸多方面的集中体现。从某种程度讲，女性的形象已经变成了提高其个人附加价值的新价值手段。从形象美学来说，这也是女性自我修心的过程，这种无声的语言，是外在形象和内在素养合二为一的最高境界，自然也就成了捕获他人注意力最强有力的武器。

捕获注意力最强的武器就是形象

好看的外表容易先声夺人，有趣的灵魂更是万里挑一，这些人往往能吸引人的注意力。现代人为何追求吸引人的注意力？这是因为社会发展的结果，人的需求注定要向更注重心理需求的方向发展。而形象作为一种获得注意力的方式之一，往往显示了强大的影响力。

如果理解了注意力是心理需求的入口，就会懂得捕获注意力的价值与意义。能吸引注意力的，往往代表着价值。优雅迷人的女性及其背后所呈现的对美好生活的追求、实现社会价值的人生意义，恰好可以产生吸引力。因此，不难发现能吸引人的女性更容易拿到打开成功大门的钥匙。

认知层次决定形象高度

女性的形象不仅是一种外在表现，更是认知层次的外显，而认知层次往往决定了女性的人生价值。只有当一个女性静下心来思考自己属于哪种女性、应该呈现怎样的形象、人生的终极目标是什么的时候，她的人生使命才能真正进入一种高级的状态中。女性是否能活得高级说到底都是取决于自己，越高级的女性，越懂得如何呈现自己最佳的状态，也越懂得如何爱自己。认知层面高的女性，会管理身材、相貌、仪态，以最精致的形象现身人前，她们更在意如何提升自己的美学认知层次。这不仅是取悦自己，有自律的精神，更是一种生活态度。

形象，是一生的工程，不是做给他人看的表演，更不是掩盖自己

内在的障眼法。形象之美的根本，不是外表，而是源自内在的一种力量。女性对形象的态度，也可以说是对自我生活管理的缩影。形象有一些固定的“潜规则”，更多内涵包含了成功形象设计的所有智慧和内容。从视觉、听觉、嗅觉到感觉，从服饰、沟通交流、生活方式、个人气质、商务礼仪、艺术品位到个人风格。女性对形象的塑造，究其本质更像与生活的一场搏斗，是和意志力、自制力协同的结果，更是告别平庸的表现方式。

作家科尔顿说：“美丽的身材可以吸引真正的倾慕者，但是要持久地吸引他们，需要有美丽的灵魂。”在高认知层次的女性眼中，形象里藏着不是一个人的美与丑，而是思维上的“深”或

“浅”。她们关注形象，但不会把形象固化为单一的外在美丽，她们会重视内心的丰满，但不会把形象只定义为生存的目的，而是赋予生活的意义。

细节决定形象成败

美国哲学家罗素说：“一个人的命运，就取决于某个不为人知的细节。”细节，往往最能反映一个人的真实状态，也最能反映出一个人的形象。而形象就像镜子，它能折射出现在的你，只有那些对自己要求较高的女性，才会照顾好自己的身体，活得健康而优雅。忽视日常行为细节的女性，在他人眼中只能迎来鄙夷的目光。相反，重视细节的女性在公共场合，则会有意识地约束自己的行为，不会让自己的行为举止妨碍、打扰他人。细节决定女性形象的成败，是他人认识你、了解你的重要途径。一个女性的魅力，颜值很重要，而重视细节的女性则会让魅力值翻倍，更让人敬佩、赞赏，能够轻而易举地站在让人瞩目的制高点上。

形象，并不是简单的穿衣打扮，你的形象根植于你的内在，你的人生观、价值观、成长经历、教育背景、生活习性等等，你知道的、不知道的自己，你可能成为的“自己”，你的家庭、未来，都通过所有可见的细节、不可见的细节表达传递。女性对形象细节的把握不仅是一种气质的凝聚，更是智慧的体现。可以说，女性在形象方面的潜力都藏在细节里，而那些善于把控形象细节的女性不仅更容易提升好感度，也更能活得潇洒自在。来自形象塑造的细节并不是一种约束，相反，这样的女性更懂得如何取悦自己，清楚如何才能得到自己想要的生活，从而拥有更多选择的权利和更美好的人生。

形象是人生补给魅力的能量

成功的女性无一不在乎自己的魅力形象，无论在商务活动还是日常生活中，对方就会从外表来判断你的性格、品位、实力、素质。如此，女性精心地塑造引人注目的形象也就成了一种不得不学习的生存技能。毕竟，相对于举止得体、热情友善、真诚自信的女性，那些穿着邋遢、刻薄无礼、虚伪自卑的女性注定无人问津。此时，无论你是否承认，形象都自带了无

限价值，成了通往成功的捷径，优美而充满魅力的形象可以在竞争中占有绝对的优势，是取胜的基础，也成了不接受辩驳的事实。

每一个重视形象的女性，绝非上天格外地眷顾，而是因为她们对自己有思考，对生活有追求，对事业有目标。女性的良好形象，从来都不是无缘无故生成的。世事洞明皆学问，唯有在岁月中保持一份清醒，活得明明白白，积极追求后才会得到。正所谓“韶华易逝，刹那芳华”，女性一生最需要的是永远能补给魅力的力量！无论外表多么光鲜的女性，放弃了理想和进取精神，便失去了自我增值的能力，岁月必然会慢慢腐蚀她的灵魂。毕竟，如果一个女性对自己没要求，又怎么能获得成功呢？

形象魅力就是你的说服力

心理学家丹尼尔·卡尼曼说："成功的决定性条件不是智商、学历和运气，而是魅力。对女性，尤其如此。"事实上，也确实如此，无论是生活中还是职场上，人们策划一件事情，并把事情办成，整个过程都需要向他人传达自己的想法，同时说服他人，最终达成自己的目的。生活中，往往重视塑造形象魅力的女性更容易和他人建立起良好的合作关系。足见，具备说服他人的魅力是多么的重要。

形象魅力不是"女神"或"成功企业家"的标签，而是源自每个女性对自己内在人格的理解与认同感。只有能把真实的自己发挥到极致的女性，才会赢得他人的欣赏，获得他人的关注，借由形象魅力为生活、事业开拓更广阔的平台。

自我认同更引人注目

魅力犹如磁铁一样吸引人，虽然魅力本身看不到、摸不着，但并不影响它借由人们外在形象、内在修养、举止行为等形成各种独特的吸引力，影响着他人的感情和态度。其实，这一切的源头皆来自一个人对自己的自我认同。妮基·乔瓦尼说：“如果你不理解你自己，你也就无法理解任何其他人。”换句话说，你都不清楚自己要什么，想表达什么，自然也就不可能说服他人，获得认同感，成就自己。

生活中，许多女性都有过“我不够好”的苦恼，拼命地想和别人一样变得更具魅力。但极具自我认同感的女性却不会如此，她们只专注于彰显自己的魅力，时

刻向他人展示积极的生活方式和真诚态度，她们相信独一无二才更具魅力。这样的女性有着像镜子一样清晰的认知，无时无刻不借由自身魅力告诉他人：“我是谁，应该是谁！”

重视形象魅力的女性更在意如何取悦自己，她们坚信，越耀眼的人才越有发言权，越具说服力。追赶潮流不是她们的心中所属，匠心独运地展示出个人魅力才是她们专注的事情。凭借着这份自信，她们总能将一切有利于自己变得更好的能力掌控手中。在现代社会，能说服他人的魅力越来越重要，而这些集合了女性周身光环的特质，让她们更具说服力和话语权，也更具影响力。

自我表达更具说服力

有人说，魅力是女性获得成功的先决条件，也是现代女性想要获得成功的最重要关键词，而魅力之所以拥有这样的能量与其无声却强大的说服力有着密不可分的关系。如果说语言是有声表达，那么形象就是无声表达，而形象魅力的表达本质上就是自我表达。初次见面，在你没开口前，形象已经帮你传递了这些信息，同时也起到了影响对方感情和态度的作用，可见魅力是多么强而有力的说服工具。

形象魅力有着个体和社会两种属性，相貌、身材、服饰、风格等传递的个体属性，表达着一个人的审美观、价值观和性格等。社会属性则要求人们的综合表现符合社会体系中人们的普遍认知，一眼望去，整个人不会显得不伦不类，也不会显得低俗无知。作为一个社会人，真正重视形象魅力的女性都是在两种属性间不停切换，同时保持平衡状态的高手。

形象魅力是迈向自我实现的先决条件，这种综合素养有着无形中驱动人们的言语和行动，建立起和外界联系的能力。如果具备富有魅力的形象，就能充分说服对方，当一个形象高雅的女性和形象邋遢的女性出现在同一个场合，相信每个人都更愿意和那个形象高雅的女性对话，对她更有好感。从心理学的角度来看，他人是通过观察、聆听和接触等各种感觉形成对某个人整体印象的，而那些极具魅力的女性不仅深谙底层逻辑，更深谙如何完美演绎自我形象的表达力。

自我探索的魅力提升说服力

哲学家苏格拉底强调“认识你自己”，心理学家也认为自我探索是人一辈子的工作，只是有的人开始得比较早，有的人开始得比较晚。重视形象魅力的女性是属于早行动的人，她们懂得自我探索，探寻是什么影响着自己，又如何能影响他人，促进自身更好地成长。伽利略说：“人不可被教，只能帮助他发现自己。”有着自我探索魅力的女性都具备良好的自我感知力，她们善用魅力说服他人成就自己，从而获取更大的人生成就。

极具魅力的自我形象是成功人生的基础，具备这些素养的女性，自然有影响力和说服力，也更容易拓展成就版图。而自我形象表达不佳的女性则完全与之相反，不仅会失去更多与他人产生链接的机会，而且会阻碍或延缓成功的脚步。所以，如果想让自己拥有超强的说服力，就得用自我表达的魅力武装自己。

只有不断挖掘个人内在的正面形象，才能充分塑造自己的独特魅力，成功与失败取决于个人努力，魅力则取决于自身意志力。吉姆·兰德尔说：“意志力与思想控制有直接的联系。一旦你意识到你能够让积极的思想排挤掉消极的思想，你就朝着自律人生前进了一大步。”

如果你想拥有艳压群芳的美，就得以实际行动努力去诠释，将形象魅力变成强大的说服力，这类女性都有不可撼动的附加值，让人不自觉地靠近。

寻找外在与内在平衡的形象

要做出色的女性，首先就要清楚重点不仅仅在外表，还有你的内心。虽然人们更容易对盛世美颜一见倾心，但女性的真正之美却不仅仅是外形，还有女性强大的内心能量。这是来自一个女性对自己和世界的感知所呈现的见识，以及对生活的态度。

奥黛丽·赫本说：“女性的优雅是唯一不会褪色的美。”优雅是内在和外在美的完美结合，也只有这样的美才能不畏时光流逝，不惧岁月蹉跎。高颜值的女性让人侧目，内心充盈无限能量和深厚文化底蕴的女性更让人景仰。只有懂得平衡内外美，彰显自己独特魅力的女性才称得上人中翘楚，才是掌握核心魅力的智慧女性。

女性需要向内看的力量

作为女性内心的延伸，外在形象体现着一个女性的审美观以及生活态度。有一句经典的台词是这样说的："穿着无趣的衣服，人生也会变得无

趣。”女性的外表并不是单纯指相貌的美丑，一个穿着邋遢、不修边幅的女性展现出来的不仅仅是她的外表，更包括了她对生活与人生的态度。但也有些女性，因为不懂得追求自我，自然也就失去了寻求内外兼修不断提升自己的意愿。真正重视形象的女性，不仅懂得如何打理好外在形象，更懂得如何为内心蓄积力量，从而赢得掌控生活的主导权。

有能量的女性崇尚精致的生活，追逐时尚潮流，却不会迷失，因为其清楚，真正的优雅来源于内在的能量，而不是外部的某些可被标识的物品价格。认可美貌至上的论调，但同样会拿出大量时间来提升自己的审美品位，在举止、风度和气质之上精雕细琢。只拥有外在美是单薄的，不足以撑起优质女性的全部。来自女性灵魂深处的魅力则需要女性学会向内看，寻求内在的能量，挖掘内心的小宇宙，因为内心是所有力量的源泉。

只有沉淀平衡之美才能更出彩

虽然外在形象，能够让女性更具美感，但内在强大则可以让一个女性更具质感。两者相辅相成，缺一不可。有研究表明，人类的相貌 25% 是由先天决定，75% 则来自后天的行为。一个女性真正的美貌，既有来自外在的力量，也有来自内在的力量。因此，懂得沉淀平衡两者关系的女性更明白美的真正含义，更能赢得生活的精彩。

懂得沉淀外在美的女性，会精心搭配每一天的穿着，从衣服、首饰、妆容开始，扮靓自己，享受其中，乐此不疲。对你来说，认真打扮自己，就是认真对待生活和人生的一部分。如果追求美感是天性使然，那么追求质感则需要用心学习。善于沉淀心灵的女性重视精神世界的美，你应该明白“知止而后定，定而后静，静而后虑，虑而后有所得”的道理。

常常见到那些有能力的女性不仅追求外在之美，更追求内在之美，打得一手平衡的好牌。对她们而言，外在美是静态之美，内在美则是动态之美，两者相互依存，也相互作用。所以，只有懂得充实内在精神、重视外在表现的女性，才能最终达到内外之美的和谐统一，进而演绎经典、铸就传奇。

优雅，是一种内在的修炼

生活对于每个女性来说都是千差万别的，而一个真正集美丽和智慧于一身的女性，无不是一边努力塑造良好外在形象，一边通过修心去寻求自己想要的生活，努力使自己活成优雅的女性。因而真正内外兼修的女性，无一不是优雅的代言人。她们有着强大的内心，傲然穿越人群或深邃回眸时，端庄优雅，镇定自若、不疾不徐，哪怕只是安静地待着，也有着超凡的魅力。没人能抵御绝世美颜的吸引，但相较一瞬间的侧目，人们更愿意和这种气质如兰的女性交流，建立友好的关系。

活得优雅，过得精致，气质如兰，无论何时都彰显着与众不同的魅力，你不仅要善于突显自己良好的外在形象，更要懂得如何丰满内心，你会因有着与别人不一样心境、情调、素养而显得与众不同。你应该清楚，妆容让女性美丽，配饰让女性精致，但你若想自我恢复、自我解救，还需要内在修为。

优雅的面貌和姿态，不仅仅是停留在穿衣、化妆、打扮上，更要深入洞察和思考内在的涵养，正如可可 · 香奈儿所说："女性往往喜欢盛装打扮，却一直离优雅很远。"优雅在于女性所营造的感受，是你对生活和世界的选择，更是保留在身体与心灵深处的那份对于生活的坚持。优雅女性十分清楚，应该如何按照自己的想法去生活，并以最优雅的状态回应这个世界。

因此，当你明白优雅在很大程度上来源于内在的素养时，或许，优雅已经在你最意想不到的时候悄然而来。

提升品位强化你的吸引力

品位不是拥有倾世美颜、美衣华服的代名词。乔治·阿玛尼说：“品位，不是你所看见的，而是你所记住的。”美貌是天生的，与智慧不同，不会与日俱增。而品位却是后天修炼的结果，它会随着阅历、生活环境、眼界、经济基础的不断提高而与日俱增。品位是需要学习和努力的，如高雅的气质，大气的风范，优雅的仪态，等等。

传奇人物可可·香奈儿也说过：“我们通过服装发现女性的本质。如果那个女性失去内在的美丽，这件衣服就毫无价值。”从头到脚穿着同一品牌的衣服，你展现的只是设计师的作品，而不是你自己。风姿绰约，令人难忘的女性，不会陷入时尚潮流，她们永远懂得如何打扮出经典永恒的美感，以体现出独一无二的内在与外在之美。

品位是穿出来的

服饰是一种文化，想穿出品位首先就要深入地了解服饰。如何穿出自己独特的风格，需要学会用服饰去烘托自己独特的气质。要想让自己的着装有品位，改变观念是第一步，只有坚信投资着装等同于投资“成功”，才更容易把生活过得风声水起。打破早已形成的审美观念，增加自己在服饰方面的知识，请专业人士帮忙打造，可以让你开启全新的搭配旅程，只有如此才能不断地优化对着装的认知，最终建立起更具特色的着装品位。

懂得服装投资的女性会想尽办法让它们物尽其用，会定期打包封存影响取舍的衣服，衣橱里只收纳当季最适合、最流行的衣服，就像食品有保质期一样，永远保持住自己对于时尚的敏锐嗅觉与感受力。时尚潮流有趋势、有方向，却不可细分，因为细分后便是无穷量级，这也是让人容易迷失在潮流中不知所措的原因。有品位的女性从不会失守时尚阵地，不同的是只追求属于自己的格调。当衣服成为自身的一部分时，个性自然凸显出来。

穿出时髦风格，不仅意味着要在适当的场合穿着得体，同时还意味着从常规装扮中脱颖而出。美国设计师霍斯顿说：“不会搭配衣服是对自己不负责任不尊重的表现。”所以，研究并审视自己的穿衣风格是追求品质女性的必修课，也是非常重要的一课。

品位是管理出来的

女性的品位既来自举手投足间的自信和魅力，也来自优雅和性感。有品位的女性，长相不一定惊艳，但一定是穿衣有型，打扮干净清爽。讲究品位的女性更懂得如何树立对身体和健美的积极态度，响应身体和心灵的需求，科学地适时节制和享受均衡。如果不懂得擅长显示自然大方、似有却无的妆效，即使懂得再多化妆技巧也不会加分。相反，使用简单的眼线笔和唇膏，一样能光彩照人，引人注目。你会为自己的“浓妆淡抹总相宜”而心情舒畅，因为这不仅是一种妆容，更是一份自信，同时也为自然平和的状态做了代言。

有品位的女性之所以更具吸引力，一定具有管理身材和相貌的能力。对于已将品位内化于心的她们来说，不仅有着简单清晰的实操手册，而且让所有模糊的指标都变得可以量化。因此，管理外在之道便是品位女性的必不可少的修炼。

品位决定生活地位

品位是一张通行证，有着高品位的女性也必然选择高级的生活方式。外在的品位可以通过严格的管理养成，但是内在的品位却需要深厚的文化和高尚的人生价值观来呈现。相貌出众的女性自带价值资本，但不是所有漂亮的女性都有让人羡慕的品位。同样地，生活高级的女性也并非都是绝世美人，只有那些内外兼修的女性才会因拥有综合魅力而成为人中翘楚。

追求品位的女性每提高一个高度，格局都会随之打开一层。“一览众山小”既是真实的感悟，也是毕生的追求。品位有内在和外在之分，表面的品位很容易做到，难的是由内而外散发的高贵气质。这不仅需要有与众不同的品位，更需要有深厚的文化积淀和高尚的人生价值观。精于外，修于心，只要你愿意努力，就可以通过不断地提升自己的品位，成为有修养、有智慧、有内涵的高雅女性，并享受更高品质的生活。唯有如此，你的人生才会更有内涵，生活才会更有质量。

形象不仅是天生的，更是后天修炼而来的

有一个广泛存在的误区，就是认为一个人好看与否取决于天生的身材、相貌，或者天生的审美品位，以及在置装上投入的金钱。可事实并非如此。“你需要在外貌上达到某种标准，才能实现真正的时髦”，这是一句谎言。

或许你无法改变自己天生的面容，对体型的控制也并非如你所愿，但你可以通过自我形象设计，如服装、发型、化妆、姿态等管理手段来提升形象，让自己看起来更美。

你的穿衣风格就是你的签名

一个人的穿衣风格不是生来就有的，也不会一成不变。大多数人对“穿衣风格”有误解，以为风格是天生的。实际上，并没有人天生就特别“会穿”，即使如历史上著名的那些时尚榜样，也有摸索的过程。请记住：个人穿衣风格，是能够且需要通过学习来获得的。找到自己的风格，听起来似乎大而空泛，实际上只要行动起来，就不困难，同时还能带来乐趣。

为什么要找到属于自己的风格？因为你的每次着装，都是在把自我形象投射给这个世界。每个人都有自己独特的本色形象，形象塑造中的“塑造”二字，就是对原有魅力的“发现”与“展现”。形象的美看似是小事，却会从方方面面改变你的心态，改变别人对你的看法，最终改变你的整体生活。

提到形象设计，很多人认为它只与外貌有关，事实上，形象设计更多地依赖于内在的修炼和提高。形象设计可以理解为把自身的本质和个性正确地传递给对方，“喜欢”是成功的关键词之一，人们遇到自己喜欢的事，就不用别人催促，主动去做。讨厌自己外貌的人，应该每天有所行动，让自己多喜欢自己一些，因此，打扮时尚、让自己看起来体面，甚至是注重发型，都是非常重要的事。形象改进的过程，也是以外表改善为重点并挖掘自信心的过程。因此，塑造个人形象需要从内而外进行管理，只有这样，你的个人风格才会散发出独特的魅力。

找到属于自己的风格签名

风格与财力无关，让人优雅起来的不是名牌，而是选择和穿着单品的方式。一个人的着装风格就像自己的签名或海报。想给别人留下自己希望的印象，就要找到属于自己的“风格签名”。这不仅关乎外界怎么看你，更关系到你如何审视自己。可惜的是，很多女性一直没能搞清楚自己是哪种风格？为什么需要寻找属于自己的穿衣风格？虽然服装风格本身并不是最终目的，但却是奠定你个人风格的必备条件。

找到适合自己的着装方式，再加上化妆与发型，把自己的形象打扮好，你会更喜欢自己，也更喜欢自己的生活与工作。这样的良性循环，也能令我们在职场上有所成就，不知你是否注意过，有成就、工作表现亮眼的人，外貌也会跟着改变。俗话说“红气养人”，就是最典型的例子。当艺人红了之后，外表一定也会变得光鲜亮丽，这是因为她（他）对形象的提升有了更大需求。

与香奈儿同时代的时装设计师夏帕瑞丽曾在自传里说：“20% 的女性被自卑感折磨着，70% 的女性被困在自己的幻想里。”直到现在，依然有很多女性困于当下的审美偏好，被自卑感折磨。要成为一个自信美丽的人，第一步就是要养成接受、爱自己身体的习惯，一个人“不会穿衣服”，不只是美感不足或对流行迟钝，最大的原因往往是没有接受真实的自己。所谓穿衣搭配，就是搭配最合体的衣服，出现在最恰当的场合，塑造好最符合自己的角色。把寻找最符合自己的着装风格就当成一种自我探索吧。

我们可以决定自己的样子

怎样算是穿得美？无论是妆容、发型、配饰、服装，首先，必须适合自己，并且相互协调呼应；其次，要符合个人角色定位。穿搭风格，既是美丽自己，也是一种生活态度。在人生的不同阶段，每个人的角色、喜好、生活重心都有所不同，人生的经验和想法也越来越成熟，会根据不同的喜好和场合，展现着不同的风采和多变的风格。

当你允许自己掀起这场美丽革命，你会发现自己不仅外表改变了，还会更爱自己。你会开始重视饮食，用心运动，醉心阅读、音乐、艺术……让美好的事物浸润你的细胞，转化为由内而外的气质与自信，而你也将从此焕然一新。

掌握穿搭原则只是开始，最重要的是能够多跨出一步，真正享受其中

的乐趣，你总是容易特别在意自己的不完美或缺陷，却忽略或不曾发觉自己所拥有的优点。通过穿搭，不仅能穿出美丽和自信，也能学会如何欣赏自己。所以，你要认识到穿搭的重要性，并且有学习能力，只有这样，你才会越来越美，越来越耀眼。

打造关键点，提升形象价值的成功基因

缪西娅·普拉达说过：“时尚是表现自我，同时也是一种选择。如果有人跟我说不知道该怎么穿衣服，我会建议对方先照照镜子研究一下自己。”其实，人的穿着方式和外在形象就是自己的个人标志，尽管穿着重要，但也并不意味着你的服装就得是昂贵或新潮的，甚至都不需要强调“独特”。

规划个人形象的目的，根本不是让别人来看你的衣服有多高级或多时髦，而是要让别人看到你本人，看到你是得体、好看、有神采，并且有自己风格的人，这才是提升形象的价值所在。为了实现这个目标，你需要花些时间与精力来打造关键点，唯有如此，才能帮助你找到属于自己的风格签名。

提升形象，第一步是先了解自己

好的着装和不够好的着装的差别在很大程度上与是否了解自己有关，只要对自己有足够的了解，就可以把任何与你相符的关键词融入自己的风格。不论一个人是什么风格，都是可以改变的，有的人甚至可以同时驾驭两种风格。

先问“我是谁”，才知要如何穿

在形象设计过程中，最重要的步骤是营造出“更像自己”这种自然境界。这不是所谓“立人设”，不要穿成你羡慕的人的样子，而是要更好地表现出自我特征——这才是真正的个人形象塑造。你可以按照这些问题试着问问自己：

1. 我是谁，我扮演着什么角色？
2. 我的身材和生活方式最近改变过吗？
3. 我最常穿的衣服有哪些？它们能展现我的优点吗？
4. 我怎么形容自己的风格？
5. 我准备接受全新的造型或者尝试一些新单品吗？

观察 + 记录，找出自己的关键词

最关键的一步，是分析自己的现状，同时了解别人眼中的自己。为了能够准确地获取这些信息，你需要灵活使用照镜子（一面全身镜非常必要）、拍照、录像等方式，客观观察自己并进行分析。此后，用几个词语或短句，简要地

描述一下自己是什么样的人，以及希望变成什么样的人。最后，根据你所列出的形象目标，给自己的形象挑选一个或几个恰当的关键词。

这些关键词并不是永久性的，因为你的想法、形象一定会随着时间、周围环境与生活阶段的变化而改变。请结合你目前的生活、社会身份、爱好与外形，梳理出自己目前最希望呈现给外界的形象。描述得越清晰越好。然后，去规划与尝试所有能帮你建立出这个形象的服饰单品与组合。

精准购买，才能实现变化

要有准确地在流行服装中，选择最适合自己衣服的能力。如果你的身形发生改变，衣服当然也要随着改变。不只是身体会有改变，心理也会成长和改变。大部分的人不是先觉察自己的变化，再为自己挑选衣服，反而是先挑一件美丽的衣服，然后期待自己能适应它。

购入新衣物，是重建穿搭风格的重要一环。不能一时冲动购买，不要让你真正需要的衣物被这些“干扰项”淹没，好多人都有着堆积如山的衣物，但常穿也无非那么几件。当你被某件衣物吸引时，请回忆自己的所有衣服，并发挥想象力，在脑海中想象出三种穿上这件单品的方式以及它如何跟衣柜里的其他衣物做搭配，当它通过这项考验，再买回家。这不仅能避免盲目购买，还能强化衣物风格的一致性。

把寻找“穿搭灵感”变成习惯

时尚一直处于变化中，我们不用考虑太多，只需了解自己适合什么，亲身尝试，明智地购衣，这是对自己的造型满意的关键。在达成良好自我形象的基础部分后，想更进一步，就需要穿搭的灵感与智慧。把美当成日常，是一种由内而外让人感到心情愉悦的过程。早上出门前选择好整体衣着与配饰，就能让自己一天都身心舒畅，感觉美好。

穿搭美学的一部分是技巧，其实最容易学到的也正是技巧。更重要的部分常被忽略，那就是穿搭的灵感和智慧，来自设身处地为今天的场合考虑，来自细节。所以，当我们关注个人形象与穿搭，并不只是表层意义上的买衣服、穿衣服，而是要从内而外地培养起对生活，对美的感受力。

第二章

仪容表达你的最佳面部魅力

这个世界万物演变，没有一刻停歇，“美”也是一样。譬如一位面容姣好的少女静坐在那里，在路人、画家、旅行者眼中，所见各有不同。路人见样貌，虽匆匆而过，却也有一瞬的悦目；画家见其神韵，刻在心里，绘于画布之上，最后被装裱起来欣赏；旅行者见其姿态，默默地赞叹世间竟能滋养出这般俏丽的女子。所有这些无不体现出仪容的魅力所在。

良好的仪容不仅让女性楚楚动人，更为其带来许多优质的资源。现代人对仪容美的认知背后，体现的是其文明程度。

容貌管理是颜值升级的必修课

英国哲学家托马斯·布朗说："这真是人类一个普遍的奇迹，千万张面孔中，就没有一张相同的。""气"藏在皮肤之内，"色"则流露在皮肤之上，两者完美结合的女性才堪称气色鲜活、神情娴静的美人儿。虽说美人在骨不在皮，但艳丽夺目的皮相总能先声夺人，毕竟一眼望去便可铭刻入心的美没人能抗拒。懂得呵护皮相的女性，纵使骨相并不完美，单凭一张清丽的脸也能吸引眼球。

西班牙美学家桑塔耶纳说："一切合理的，完善的和美的事物，都应具有像音乐一样直达人心的力量和感动。"那些拥有娇美面容，更清楚如何展现她们的女性，自然也就被赋予了美丽践行者的美誉。

脸型决定面部魅力

形象大师罗伯特·庞德说："这是一个两分钟的世界，你只有一分钟展示给人们你是谁，另一分钟让他们喜欢你。"毫无疑问，容貌靓丽的女性在这方面更占优势。对于容貌的管理，其核心是稳中求进，在保有当下容貌的基础上，呈现更好的状态。所以，一张时胖时瘦、时而憔悴、时而水肿的脸自然是要不得的，因此管控一眼即见的面部线条便成了容貌管理的第一课。

一个女性，无论拥有怎样的脸型，放大一码都会和美丽无缘，就算被公认完美脸型的鹅蛋脸也不例外。想保有迷人的面部线条，或是想让它更显立体分明，管住嘴都是第一要务。常喝一些姜茶，不但能强化免疫系统，还能激活身体机能，代谢掉废物，避免赘肉上脸。少食多餐也是控制食欲的好方法，记得首选低脂又有饱腹感的食物。管控住了基本的面部线条，紧实面部肌肉是容貌管理的第二课。

没事做做面部瑜伽或面部按摩都可帮你达成所愿。先张开嘴再抿嘴唇，用嘴唇包住牙齿，模拟发“啊”声，重复 10 ~ 15 次，练习 2 ~ 3 组，可起到紧致面部肌肉，淡化法令纹的作用。

肤质让美貌升级

高级的容貌管理是提升面部肌肤功能、重视皮肤的呵护。纵使骨相并不完美，也因为紧致的肌肤，健康的肤色和漂亮的妆容让人侧目。

因为皮相美的优势在一定程度上可以弥补骨相美的缺陷。如果疏于皮肤护理，油脂和污垢就会留存在肌肤上，不仅会让毛孔变得粗大，还会滋生痘痘、粉刺等各种炎症问题。当皮肤细胞受损，皮肤的抵抗力便会下降，当肌肤的屏障功能降低，无论怎样的保养或粉饰都是亡羊补牢。只有当肌肤有了好底子，妆效才能帮你扬长避短，让美貌升级。

提升肌肤的代谢力

肌肤代谢力不佳，老废细胞、毒素和废物就无法及时排出，自然也就不可避免地会出现各种恼人的肌肤问题，比如毛孔粗大、肤质粗糙、肤色暗沉、细纹等等。对于这些问题可以定期去角质，加上每天彻底清洁肌肤，让肌肤显得干净、透亮，可以让肌肤后续的保养起到事半功倍的作用。

娇俏面容的另一个定义是清爽，这便界定了黑头、粉刺、青春痘、色斑、暗沉不能有存身之所。但是，过度去角质也会损坏皮肤屏障，使皮肤出现脱水、发红等症状，甚至变成敏感肌。所以，建议油性肌肤一周一次，中性肌肤可一周至两周一次，敏感肌可一月一次，并需要观察肌肤实际情况随时改变策略，以免加重过敏症状。

年轻时肌肤像海绵吸附着弹性纤维和胶原蛋白，不涂抹妆品也可以非常水润。但随着年龄增长，作息不规律，大量的胶原蛋白开始流失，为了让肌肤仍然水润有光泽，可以使用肌肤保养妆品，同时不要忽略内在充盈。

保湿肌肤才水嫩

都说女性是水做的，靓丽的容颜自然离不开充足的水分滋养。化妆品补水是外在的护肤方式，更实效的美颜管理需从生活点滴做起，每日保证一定的饮水量，不但能促进体内毒素排出，还能及时补充肌肤流失的水分。同时，睡眠不足会导致体内水分加速流失，还会使肌肤出现干燥、脱皮等多种问题，所以说，要有一张水润的脸，睡饱美容觉很重要。

抗击肌肤衰老是永远的功课

过度的紫外线照射会让皮肤变得干燥，导致真皮层中的弹性纤维受损，滋生细纹，加速肌肤老化，所以管控美颜少不了做好防晒工作。提到防晒，如果只想到涂抹防晒霜，这还远远不够。外出时，应戴上遮阳帽、太阳镜等防晒用具全方位防晒；避免在上午 10 点到下午 2 点紫外线最强的时间出门，这些细节都要纳入防晒功课表。

自由基是人体内细胞代谢和能量产生过程中的自然副产物，可以说人体内无时无刻不在制造着自由基。此外精神因素、外界环境因素，如各种污染源、雾霾、汽车废气、紫外线照射等也会产生自由基，降低肌肤的抵抗力，让肌肤过早地衰老。只有内外兼修才能真正提升肌肤的抗氧化能力，一是使用具有抗氧化功效的化妆品，二是适量食用含有抗氧化剂的食物，如维生素 C、花青素、硫辛酸、虾青素等，可以起到清除自由基抗衰老的作用。另外要学会缓解压力，这是提升皮肤抵抗力的有效方法。

容光焕发是最好的状态

女性外在修饰的段位高低有别，但精心呵护下的回馈一定是显而易见的。无论一个女性的五官多么精致，若被扣一顶“灰头土脸”的帽子，就似鲜花失了水分，没了生机。喜欢运动的女性，脸色多半白里透红，气血通畅的红润由内而外散发，不需要妆品补给。相反，缺少运动的女性，不仅显得精力不足，脸色也不好看，恹恹的样子也会是减龄最大的阻碍。除了坚持运动，保持充足的睡眠、充沛的营养、稳定的情绪，一样能让你呈现人面桃花之姿。

普通女性渴望即视可见的精致五官和好气色，高雅的女性则更想通过面部神韵彰显自己在社交圈的风采。就如法国文学家狄德罗所言：“一个人，心灵的每一个活动都表现在脸上，刻画得很清晰、很明显。”在社交过程中，借助面孔呈现女性生动、流动、富有生命力和表现力的仪容，加上丰富的内心、细腻的情感，自然拥有挥之不去的清馨，让人过目难忘。

打造最适合的妆容造型

女性天生就是爱美的。“照花前后镜，花面交相映。”“懒起画蛾眉，弄妆梳洗迟。”“夜来幽梦忽还乡，小轩窗，正梳妆。”从这些描写女性梳妆打扮的优美诗词中不难看出，从古至今，女性对妆容的看法有着亘古不变的专一态度。爱美的女性更似一缕香风，任凭香甜的热流在空气中涌动，仅一瞬，俏丽的模样便能印在人的心里。

好的妆容不仅能呈现女性俏丽的容貌，呈现不俗的个性和气质，还能彰显非凡的修养和品位，散发特别的魅力。怎样的妆容造型更能为女性的美丽加分呢？从定基调到确定风格再到重点修饰，缺一不可。

平衡妆容基调

化妆是一种生活方式，也是许多人的日常习惯，就如同穿衣吃饭一样。想打造最适合自己的妆容，就要对大众审美和骨骼结构有一些基本了解。

脸部轮廓因额头、眉骨、太阳穴、颧骨、下颌等部位不同，会呈现

椭圆形、圆形、长方形、方形、菱形、梨形等六种常见脸型，但人们却只对完美脸型——椭圆形（鹅蛋脸）情有独钟。

鹅蛋脸有着堪称完美的“三庭五眼”比例，但只有“三庭五眼”的比例还不够，还需要完美的“四高三低”曲线。四高，指的是额头、鼻尖、唇珠、下巴尖这四个地方要高；三低，指的是两眼之间、鼻额交界处要凹陷，如此，鼻梁才会显得更高挺；唇珠上方人中沟要凹陷，而人中脊的线条则要清晰明朗；再有就是下唇正下方的位置也要有明显的凹陷曲线。

对于日常彩妆而言基本都是改善脸型的化妆，这是弥补与矫正的过程，把五官调整到最舒服的比例，解决脸部缺陷，突出脸部优点，确定妆容。化妆不是为了变白，最主要的是提升气色，起到引导视觉的效果。通过细节调节来改变给人的感受，辅助你在各个场景中外在形象的表达。适宜的化妆可以美化一个人，让面容中好的一面更漂亮，让不足的一面经过修饰后也变得赏心悦目。因此，化妆就是一个女性精致的体现、品位的体现。

确定自我风格

岁月如水，红颜易逝，但有自己装扮风格的女性，其形象却可经年不衰。风采旖旎香盈流年，目之所见的，或是精致妩媚的小女人，或是性感的御姐、霸气的女王，或是温柔的邻家姐姐，俏丽活泼的小女主。不一而足，不一而论。可见，有自己风格的女性才有辨识度。

清楚自我风格的女性，对自己妆容风格定位有独到的见解。强调个性、突出独特风格的妆容，才是最高级的妆容。任何风格的确立，都是建立在对自己了解的基础上，只有清楚自己的优缺点，才能制定改进的方法，在不断的自我打磨中，形成专属的妆效，与众不同。

妆容风格的确定可从尝试开始，然后根据自身情况加以选择，选出那个最被周围人认可，同时也最符合自己的职业、外形和喜好的妆容。总之，好的妆容，不会掩盖本人的气质，却能掩盖容貌的缺点。

延伸装饰重点

“美人在骨不在皮”，也就是说，骨头长得漂亮、周正，才是真的美。虽说骨相是天生的无法改变，但却可以通过化妆适当地进行一些调整。通过阴影可压低过高的颧骨，利用高光可抬高苹果肌，弱化脸颊凹陷，用深色的阴影可收缩太阳穴。想让妆容更美，女性必须善用有针对性的化妆技巧，描画出更流畅的骨骼走向和线条。

标志性的眉毛对于塑造一个人的妆容有着举足轻重的作用，在妆容中，最引人注目的便是眉毛。画眉最早产生于战国时期，屈原在《楚辞 · 大招》中记载：“粉白黛黑，施芳泽之。”后来细眉、柳叶眉、垂珠眉、月眉、三峰眉各种眉形争奇斗艳，如同覆上幻彩滤镜。

眉毛想画得漂亮，就要学会分析自己原始的眉型，在此基础上适当修剪，可在线条与舒适体验中寻找到细节的平衡。在追求创新、创意的今天，坚守“天然去雕饰”的美学原则，反而更易突显清水出芙蓉的曼妙眉形。

眼妆也是如此。对于东方人来说，眼型的流畅，比眼睛本身的大小更重要。眼妆的重点在于眉目传情。单眼皮的人，眼睛较细长，可用眼线笔及眼影绘出双眼皮，以打造大眼效果。双眼皮圆眼的人，用眼线笔加长上

下眼线，可避免眼神空洞；眼距较宽的人，画细长的眼头可拉近双眼距离；眼距较窄需要提亮眼头，拉长眼尾来拉远眼间距。总之，鲜明的定义才是最让人无法抗拒的环节。

唇妆在整体妆容中是最媚态的表现，直接影响一个人的气质。对于女性来说，纵使不化妆，口红终归还是要涂的，因为，它能让女性变得更加娇艳欲滴。

总之，如果想利用妆容引爆镁光灯，不必剑走偏锋，只需要突显你鲜明的五官特征即可。

寻找专属你的最佳发型

柔和流畅的发型，是女性妆扮的重要组成部分。不论时代如何变迁，发型都会用自己的语言，诉说着不同时代的过往，以及在流行和风格上的变革。更奇妙的是，许多异性间的莫名心动亦来自头发，时隔多年，记忆深处仍留存着那如瀑布般的飘逸秀发。

发型变化多样，不一而足，但发型设计的方法布局却从未改变过，如果你总感觉选不对发型，或许是你不谙发型的布局所致。发型的合理布局，需要在固定的空间内处理，最终获得发型与脸型的和谐统一。

发型设计和脸型的关系最为密切

选择发型时，考虑自己的脸型是最基本也是最基础的前提，你只需要把所有头发都梳到脑后，对着镜子看自己脸型的宽度、长度，以及各个位置的角度，便很容易确定自己的脸型。

菱形脸，颧骨最为突出，太阳穴凹陷，侧面线条不流畅，所以修饰突出的颧骨是参考发型的重点。烫发是不错的选择，颧骨附近的头发做成大波浪可以很好地掩盖高颧骨，也可以把额头头发做得蓬松些，比如剪一个多层次的刘海。

长形脸，长度大于脸的宽度，前额高，下巴长，脸颊部位的线条长且直。对于这种脸型，最好的设计就是缩短脸的长度，增加脸的宽度。比较适合中长发，前额留宽刘海，长度要盖住眉毛，脸颊位置的头发要蓬松，不要紧贴脸颊。

椭圆形脸，脸宽度约于脸长度的一半，额头宽于下巴，脸型曲线分明，颧骨不明显，下巴尖有弧度，是比较标准的脸型，长发短发都能很好地驾驭。

圆形脸，脸的长度大约等于脸的宽度，脸庞短而圆。在这种情况下，中分、侧分的长直发可以很好地修饰圆形脸，而6 ：4 比例的偏分且有层次的刘海也可以让脸型看起来更修长。

方形脸，整个脸型短宽，下颌轮廓有明显的棱角，在视觉上起到拉长、柔化脸型的发型才是较适合的。自然大波浪卷发可以很好地修饰方形脸，中分或4 ：6偏分的刘海则可以柔和方形脸坚硬的轮廓，而选择长而碎的刘海，让两侧头发向内收拢也可以收窄脸型。

梨形脸，额头窄，下颌宽，整体呈现上窄下宽。而那些能丰满前额，收窄下颌的发型是选择的重点。将头顶头发吹得蓬松，留侧分的刘海，可以很好的修饰脸型。

发型的多主题因素

发型会传递你的品位和认知，不同的场合需要不同的发型设计。参加婚宴，发型若比新娘还抢眼，自然会让你显得不合时宜。同样地参加派对，忽视发型打理也会让人感觉你准备不足，对举办方不够尊重。端庄保守的发型适合你出席会议等严肃场合，参加休闲娱乐活动则离不开新颖、活泼的发型。

德克萨斯大学奥斯汀分校的玛丽·安吉拉·波克教授曾在《造型》杂志上发表过一项研究。她调查了400多张当地广播电台记者的宣传照片，发现大部分女性记者和主播都留着相似的发型。如98.5%的人都拥有光滑柔顺的头发，约三分之二的人留着短发或中长发，可见发型设计需要符合职业身份。

职业女性选择短发更易于打理。如果你是医务人员等经常要佩戴工作帽的人发型不宜过长，只有蓬松、额前留刘海或露偏分的发型才能让你戴上帽子后，也能显得干净利落。如果你是教师或是企业职员，别选择花哨的发型，你认为的突显个性，不过是在违合你的职业属性。

女性想突显与众不同的发型美，要记住发型不是单一存在的产物，设计时要充分考虑到自己的性格、气质、出行场合等多种因素，之后再利用发丝线条为你的标志性特质加分。比如短发的女性可考虑小巧玲珑的编发，这既打破了短发的一成不变，又增加了发型的设计感。如果适合马尾辫却感觉它实在普通，不妨试试用披肩发或是长卷发，清爽干练或妩媚动人。当然，“适合”永远都是发型设计和搭配的主旋律。

发型遇见身材

发型想要美出新高度，还要和身材打造 CP 感。身材娇小的人，可利用盘发增加高度，就算你再喜欢大波浪，也要远离，因为它们只会压低你的身材比例。身材高瘦的人，缺乏丰满感，适合留长发型，不宜将头发削剪得太短。身材矮胖的人，发型的设计上要强调整体发型向上，选择有层次的短发、前额翻翘式等发型能够视觉拉长身材比例。如果你不想身材看起来再大一码，记得要远离长波浪、长直发。

若单纯地以长短发相论，短发显得精干，但需要经常打理，想一劳永逸是不可能的。想保险且省事儿，长发是简单安全的选择，加上长发的造型多变，如羊毛卷、丸子头、花式编发等可随意切换，还可以遮盖大部分斜方肌肥大、蝴蝶臂以及胸背不良体态，如果你各方面条件都适合长发，不用犹豫，选它就对了。

发型与服饰：对比与烘托

所谓好马配好鞍，发型和服饰也有着这样互相映衬的作用。服装造型是由轮廓、比例、点、线、面组成的，可给人挺括、收敛、飘逸、曲线感，自带张力。如果你总感觉发型和服饰不协调，一定是你没有掌握好搭配的力道。浪漫的女式裙装，搭配长卷发会显得更加妩媚，并伴有飘逸之感。反之，若以长卷发搭配中式旗袍，便很难演绎出旗袍的静雅、端庄。再比如，一身晚礼服扎了两个冲天辫，一身运动装却选择了“杀马特”的发型，怎么看都破坏了整体造型的和谐统一，自然不会赢来欣赏的目光。虽然，打破常规的强烈期许可促成自由与个性风格的诞生，但和谐统一的整体造型才是定义一个人真正了解自己适合发型的关键。

纤纤玉手，女性的第二张脸

处于热恋中的女性最爱听的浪漫承诺是：“在美好的岁月，牵你的手，去世界最美的地方。”但是你认为他更愿意牵起怎样的手呢？是干裂、粗糙的手还是润滑、嫩白的手？因为女性的手比脸更容易泄露年龄的秘密，它会将你生活的履历毫无遮拦地呈现在别人眼中，因此细致精心地呵护一刻也怠慢不得。

拥有美手的女性带给人的不仅是视觉上的愉悦，更是内心灵慧的体现。所谓“心灵手巧”就是将人的内在美与外在美完美地统一在一双手上。同时，一双灵巧智慧的手也是传递情感的重要工具，是女性彰显美的“第二张脸”。一双修长、细腻、红润的纤纤玉手，不仅给人以纤柔、灵巧之感，还会展现出女性的无穷魅力。

不要让你的双手暴露自己的年龄

身为女性，一定要记住这句话：“所谓天生丽质，都是需要保养和抗衰维持。”天天忙碌的双手更易受到各种伤害，手部皮层比脸部皮层约厚两倍，容易粗糙，加上油脂分泌少，天然保湿力不足，更容易出现暗沉、干燥、细纹等问题。

手部按摩是预防衰老的方法。从手指根部一根根向上提拉，对改变粗关节有帮助，“搓”“擦”“顶”三部曲则可让手部肌肉更加灵活，更富有弹性。先将右手手心放在左手手背摩搓数次，再反过来将左手手心放置右手背摩搓数次；两手手心相对，十指交叉数次；两手手心相对，两手五指指尖用力相顶数次。优雅的女性从来都不会忽视对手部的保养，你有多用心呵护双手，它便会多用心地回报于你。

青葱玉手，是女性美丽的标志

手型和脸型一样，女性也会因手型更显风韵。手指不是很长，但指头有肉的尖手指，既有肉感又很纤细，最为耐看。手型大体呈现圆锥样子的圆锥形手型，手指纤细圆润，也有不错的美感度；土型手的手指虽不长，但手掌有肉，长有这样手型的女性常被视为有福之人。最理想的手指应该是，指头尖，手指细、长、柔嫩，符合这些条件的手指便是“玉指”。因此，一双修长漂亮的手，便是一道美丽的风景线。

让双手保持清洁是手部美丽起来的基础，但是化学清洁剂会对双手造成伤害，最易让肌肤变得粗糙。手部皮肤水油不平衡一样会干燥起倒刺，这不仅需要滋养，而且需要定期去角质、加强保湿。角质过厚是导致手部皮肤粗糙的重要原因，可以涂抹适量的去角质乳液，双手揉搓至老废角质完全脱落，以加快双手肌肤的新陈代谢。洗手后要及时涂抹护手霜，只有如此细心呵护，才能保持住手部肌肤的柔嫩细腻。选择护手霜需要留意涂上后感觉润而不腻，吸收快且清爽，并滋润持久，能令双手柔软，细纹明显减少。记住，无论什么时候，随身携带一瓶护手霜是最安全的方案。

女性的手代表着修养和品位

女性要想有一双美丽的手，必须经常修理指甲。指甲，本色要光滑、甲形要完整、保养修饰要得体，一应美感皆不可少。现在流行在修整后的指甲上进一步打扮，以此使手指看上去更加美丽动人，这就是美甲。现今的美甲艺术将材料工艺、艺术创作融为一体，运用平面的饰花、贴花、彩色喷花、立体彩绘、幻彩帮你加分。手部皮肤偏黑的女性可以选择深色系美甲，拯救偏黄肌就选浅色系和大地色系，双手白皙的女性不作限制也能营造出指尖跳动的绚丽。只是切记一定要选择对指甲伤害性小的产品。

从中国传统审美看，“玉笋”“春葱”常被喻为女性纤手的意象，佩

戴典雅玲珑的戒指更能突显女性纤细修长的手态。手型骨感的女性可以选择戒圈和戒面相对圆滑的款式让双手显得丰润；手指短粗肉感的女性选择戒圈宽度较细的戒指，在视觉上可以起到修饰手型的作用。

“手如柔荑，肤如凝脂。”只有重视对手部的保养，女性才能通过一双美手体现出自己独有的修养和品位。

第三章

掌握色彩的秘密瞬间提升你的品位

每个人生活在一个色彩缤纷的世界里，每一种天气每一个季节都有它最独特的颜色。春天万物复苏色彩清新淡雅，夏天夏花盛开色彩斑斓，秋天黄叶飘飘色彩温暖，冬天白雪皑皑色彩冷淡。人们对色彩的情感，源于长期生活在一个色彩的世界中，一旦知觉经验与外来色彩刺激发生一定的呼应时，就会在人们的心理上引申出某种情愫。

色彩文化是人们日常生活不可缺少的一部分，每个色彩都有其不同的含义和蕴含其中的历史文化。奥黛丽·赫本说："我喜欢粉色，我相信快乐的女孩最漂亮。"穿搭是女性的必修课，色彩是视觉中最为敏感的元素，也是穿搭绕不开的话题。

玩转色彩从了解色彩属性开始

色彩千差万别，即使同为“粉”色，也会因纯度、明度的不同而变化万千。无论何种色彩，都有自己的表情特征。每一种色彩，当它的纯度和明度发生变化，或者处于不同的颜色搭配关系时，颜色的表情也就随之变化了。从某种角度说，色彩是你一辈子也认不全的一种视觉载体。

这个世界从来不缺乏色彩，缺的只是人们对色彩的认识和运用。提及服装配色，许多女性常常有着误区，总爱把“我喜欢什么颜色”挂在嘴边，有的人选择追赶潮流配色，却往往陷入难控颜色的尴尬。问题到底出在哪儿？只有少部分幸运的女性避开了配色误区，学会了如何运用颜色语言，使自己每次的穿搭色彩都变得光彩照人。

四大色彩体系，你的入门级色彩知识

彩色系中的任何色彩都有色相（颜色名称）、明度和纯度这三种属性，在四大色彩体系中，奥斯特瓦尔德颜色体系、NCS 色彩体系、Munsell 颜色体系、PCCS 颜色体系则赋予了它们更加科学的定义。

奥斯特瓦尔德是颜色空间的元老，单色颜料被分为 8 种颜色：黄、橙、红、紫、蓝、蓝绿、海绿、黄绿。每一种又细分出 3 种色相，共有 24 个色相。

NCS 色彩主要由红、绿、黄、蓝四色构成，加上黑色和白色后便混合出了多变的色彩空间。在接近 2000 个 NCS 的颜色里，每种颜色都有相应的编号，换句话说，你想要的服装颜色都可以在这里得到理想的答复。

Munsell 颜色空间注重色差的均匀性，严格按照色相—明度—饱和度为颜色编号，这是我们较熟悉的颜色系统。

PCCS 颜色空间，在 Munsell 的基础上讨论配色，建立了“色调”概念，也就是将明度与饱和度有机地结合了起来。

服装颜色与化妆品有冷暖色号一样，也少不了冷暖区分。区分冷暖，笃定黄色为暖色、蓝色为冷色的女性会让人感觉太过武断。因为冷暖本身就是相对的概念，黄色也有偏冷的黄，偏暖的黄；蓝色也有偏冷的蓝，偏暖的蓝。这就是为什么同样是蓝色，有人偏爱孔雀蓝长裙，有人偏爱宝石蓝长裙，她们偏爱的点其实还是服装的冷暖性。

如果色相会说话，它们可不认为自己有冷暖差别。人们之所以把它

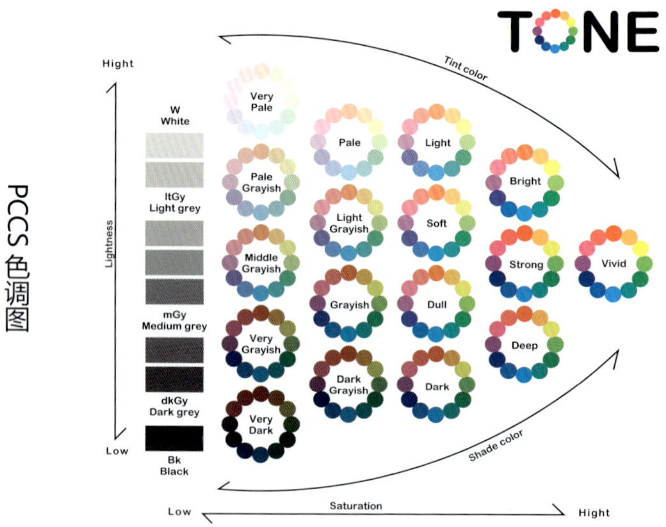

PCCS 色调图

们归于冷暖两个阵营，不过是视觉引起的心理联想所致。见到红、橙，人们便会想到温暖、热烈的物质，比如太阳、火焰等。见到白、蓝、紫、绿则会因为想到冰雪、月光而感觉寒冷、平静。如此，每种色相便具备了冷暖两种情感。细分下来，就算是暖色群中也有较冷与较暖之分，这就是你会觉得朱红的衣服比大红的衣服显得暖和，玫瑰红的衣服比钻蓝的衣服也要暖几分的原因。同样地，冷色群也是一样，也有偏暖的冷和极致的冷之分。

对照肤色选对色彩

色彩是视觉中最为敏感的元素，也是选择服饰的重点。只侧重妆效的女性多半没搞清楚整体造型中服装色彩占比的重要性。服装色彩能提亮肤色、让五官更立体、饱满，甚至脸上的斑点、细纹都会淡化。穿对颜色的女性一定神采飞扬，反之只会显得你肤质松弛暗淡，灰头土脸，还会让脸部的瑕疵和沟纹感更明显。

决定一个女性穿什么颜色好看，是由人体不同部位的肤色决定的，其中有四个观测点，分别是发色、肤色、瞳孔色和唇色。从用色角度可分为浅浊型人、深浊型人、浅艳型人、深艳型人等不同群体。

浅浊型人

不浓重是对浅浊型人的色彩定义，也可以用淡眉淡眼来形容。这样的女性，无论是头发、眼睛还是皮肤颜色都没有强烈的对比反差。头发不会特别乌黑；眼睛多为黄褐色或棕黑色，肤色从很白的肤色到中等深浅的肤色。

普通女性想用浓重色彩的服饰突出反差感，选用黑色、深咖色的衣服，结果不过是徒增年龄感。深谙色彩搭配的女性会把颜色筹码放在“轻浅”两个字上，统一和和谐才是你应该关注的点。

浅色或中等明度的服装，不但能很好地平衡脸部特征，还能避免清浅优雅形象的折损，能够把亚洲女性的那种柔美感表现得淋漓尽致。无论何时都别忘记：属于你的用色法则是浅多深少。若是酷爱深色不能舍弃，就让这些颜色离脸越远越好，或者选双深色的鞋子满足愿望吧！

深浊型人

这类女性头发不会特别乌黑发亮，眼睛多为黄褐色，面色好似磨砂玻璃，柔和朦胧，不净透。总之，发色、眼睛、脸色之间缺乏鲜明对比，这便是深浊型人的标志。

如果说女性的衣橱里永远缺少一件合适的衣服，那么深浊型的女性就要多买些柔和、雅致带有灰色底调颜色的衣服，比如棕黄或灰黄色调的衣服，这些看似混浊颜色的衣服不但能彰显你的韵味，还能提升你的衣品，因为你的用色原则就是深多浅少。特别是脸部周围一定要回避大面积浅色，不信就去商场试戴艳色的耳环，看看它们有没有让你显得俗气？鲜艳颜色的衣服总比黑白灰更得女性心，可这却是深浊型女性的禁忌，每次稍起贪心的结果换来的却是穿着俗气的评价。

浅艳型人

如果你眼珠和眼白对比分明，眼睛清澈极具光彩，肤色是象牙白或青白色，头发乌黑发亮，说明你属于浅艳型人群。

这种女性是四种女性中驾驭颜色最厉害的一种，面庞鲜明的对比让浅艳型女性自带掌握纯度、极端色彩的资本。水蓝、正红、艳色的衣服都可一并收纳进你的衣橱。就算是黑、白色衣服，如果穿着它们有段位，浅艳型人也一定是王者级别。为了让对比强烈的色彩，大胆分明的设计造型使你更加光彩照人，你可以提升穿衣服的精彩度，切不可去理会灰调子颜色的衣服。记住你的用色法则是：浅多深少，多去选择艳色的单品。

深艳型人

发色、肤色、眼睛的颜色都很浓重的女性属于这个群体。头发乌黑，眼睛呈现深棕褐色或是黑色，肤色多为深象牙色或是黄褐色、棕黄色，总之和白皙无缘。

如果选择小麦色、深咖啡色的服装，一定是不懂衣服色彩搭配的女性。面对这种厚重、强烈的色彩，只有更加强烈浓重的颜色才能真正把它们衬托出来，所以懂得服装色彩搭配的女性会大胆尝试正蓝、正绿、正黄、正红、翠绿等正色服装，避免让整个人看起来暗淡、憔悴。深多浅少是深艳型女性的用色法则，没有之一，特别是脸部周围要避免浅色调。如果你偏爱浅色的耳环、项链、围巾或是帽子，是时候该换换色彩了。

掌握色彩美学才是穿搭高手

千百年前，古人对色彩便进行了透彻的研究。他们不仅调配出了各种好看的颜色，更将它们融入了生活。从竹青到牙白；从水绿到黛蓝；从妃色到铜绿。从“春山接春草，远近翠成围”的自然美景到“越浦黄柑嫩，吴溪紫蟹肥”的餐桌美味色彩，天地万物尽在无尽的色彩中。

色彩的魅力在于有着鲜明的独特性，从服装角度来说，最大的魅力是在和人的结合中能让最普通的服装散发出艺术之光，成为女性提升精神气质和艺术修养的新舞台。人类赋予了色彩宽广的美学空间，对于女性来说，如何获得视觉美感完全在于搭配的学问，因为衣着色彩是女性的第一张名片！

色彩是服饰的“第一张”王牌

色彩可以定义为服装搭配的艺术，不仅能够充分展现出女性修养、艺术品位和审美情趣，而且能修饰身材，突显个人魅力。每种色彩都个性鲜明，首先要了解其装饰性、社会属性、流行性等各种特性，否则不但不能为整体造型加分，还可能拉低衣品。色彩在赋予服装鲜明的个性和特色的同时，也演绎着自身无穷的发展魅力，成为女性追逐的宠儿。

清晨，从打开衣橱的那一刻起，女性便开始了扮靓的生活，单色的服装简单大方，色彩搭配恰到好处的服饰，更能提升整体的观赏性和艺术性，当然这类服饰也是女性的最爱。聪明的女性还会利用服装色彩来彰显身份，即便不言不语，也能通过服装色彩搭配彰显自己的气质。善于搭配色彩的女性比谁都清楚色彩的流行，就像没有人可以踏入同一条河流中一样，也没有人可以让一种色彩成为永恒，就算那些人们心目中的经典色彩，也不得不遵循现代社会的潮流趋势，以明度、纯度等不同的变化，回馈给人类全新的色彩感受。

随着人们审美观念和经济价值观的变化，只有那些被赋予“流行色”头衔的颜色才是潮流界的宠儿，而它们背后的主人也才能称得上时尚先锋。

色彩运用基本原则解密

色彩赋能服装后，以超强的视觉感受演变出了多种实用的运用原则。

但是懂得驾驭色彩的高手并不多，你需要掌握四个原则才能成为配色王者。

搭配和谐是色彩王道

虽然服装中的色彩能给人美的视觉享受，但符合大众审美标准的和谐运用才是王道。所以，想搭配出和谐的色彩，首先就要了解自己，要避免在前沿流行趋势中，把自己当成“试验田”。因为，有时候你认定的最时髦的服装配色可能是最没有生命力的，因而无法长久。

与自身体型和谐、符合自身年龄和气质是色彩搭配和谐性的两个基本准则。服装配色时，最简单的操作方法是降低色彩的对比度，让它们更趋近于黑色或是白色，这不仅可增强服装的和谐性，还能遮掩修饰体型的不足，营造美妙的身材。

追求和谐的配色不是随大流，相反，更需要突出自己的气质，符合自己的年龄。鲜亮、活泼随意的色彩更映衬年轻女性，庄重和严谨的色彩更能满足成熟女性的需求。虽然日常生活中，年轻女性穿得素雅，中老年女性穿得花哨也并不少见，但如果就此否定服装的配色跳不出年龄距离就显得有些武断，因为很少有人觉得八十岁高龄的女性和嫩粉色是绝配。世间没有两片完全相同的叶子，每个女性都有不同的风姿。依自己的喜好、气质、年龄、职业，选择适合自己的服装色彩不仅是顶级配色高手在做的事情，也是普通女性必须掌握的技能。毕竟，衣着色彩是女性的第一张名片！

优雅出场是色彩传递力

服装中的色彩在一定程度上反映了时代与社会的面貌，不仅是女性个体的审美象征，也是凸显女性社会属性的重要标识。出席什么场合，穿什么颜色的衣服，每个女性都有自己的目的性，而目的也只有一个，那就是每次出场都要符合自己的身份、气质和形象，而这本身也是色彩美学的必修课。

当目的性融入色彩领域，唯一想向女性传达的信息就是如何让出场在不突兀的前提下能吸引到更多镁光灯的注意。所以，在目的性的加持下，配色时如何打造“人景合一”之美便成了女性最重视的事情。比如你去谈事情，如果选择了不符合你自身身份和形象的颜色出场，就会降低对方对你的信任感，无异于自添阻力。那些用灰色去迎接万物复苏的春天，用嫩粉去温暖秋雨寒凉，以一袭嫩黄坐在谈判桌前，用黑色拥抱喜庆热闹的氛围看似另辟蹊径的配色方式，在他人眼中都只能称作色彩笑话。

主次分明是色彩控制力

服装的配色不宜过多，在千变万化的明度和纯度加持下，简单的色彩早已变身几何数字，一辈子也诠释不完。所以别贪图驾驭所有的服装色彩，一眼望去让人感觉眼花缭乱的服饰造型从来登不上大雅之堂。

在色彩领域轻松晋级的女性无不都擅长控制色彩比例，服装中的色块面积，直接影响着服装色彩的搭配是否合理协调。如果不想动任何脑筋，请记住“主次分明”四个字，它适用于同类色、邻近色、对比色等所有色彩搭配。一条蓝色长裙会因白色的领口显得灵动、活跃，咖啡色的套装会因一条格纹丝巾让人眼前一亮，记不清就想想最经典的色彩面积搭配应用公式“万绿丛中一点红”。

变化统一是王者配色

色彩的变化统一原则指向的是色彩的整体性，正所谓“纵有千般变化，终须一定之规”。先确定主色调，无论暖色调还是冷色调，只要记得冷暖一致就是正确的造型，这种配色最大的优势就是不会因冷暖色对比过于强烈而刺激视觉，带来感官不适。如果还有余力，可以尝试用接近色配色方式诠释色彩的变化和统一原则。先选择两种接近的色彩作为基础色调，再选择其他少量颜色作为点缀，或装饰与衬托，比如浅咖和深咖相搭的裙子和风衣，背一个红色的包包，便可以很好地呈现统一又有变化的和谐配色效果。

王者配色级别的女性还常用色彩的关联性演绎变化和统一原则，也不

难学习。同一套服装中相同的颜色在不同部位重复地出现，便成了色彩关联。善用色彩关联性可以让服装色彩搭配交相辉映，自带节奏感。最简单的方法就是在服装搭配中腰带、袖口、斜挎包等部分运用相同的色彩来产生关联，从而让整套服装统一又不失变化。

色彩与搭配法则，“衣”拍即合

许多女性认为色彩搭配是一种非理性的视觉感受，因为同样一种颜色，有人觉得它显脏、显土，有人却觉得它颇具气质，真要坐下来评论，彼此又都很难说出什么道理。对于这种看似只能凭借个人感受和天赋才能胜任的工作，一些女性选择打“安全牌”，以常规的安全色系出位，就算看起来中规中矩但至少保证不出错。

其实，服装的色彩自有它的搭配法则，并非无处入手。你可以从主色、辅助色、点缀色入手，也可以通过色彩深浅、明暗、冷暖发力。所谓“观其服，知其人”，与其羡慕他人玩转配色，不如自己学些最基本的配色技巧，不假他人之手，配色才更有底气。

掌握主色、辅助色、点缀色的用法

服装的主色就是占据全身用色面积最大的部分，如果需要一个数值，至少占 60%。也因此常会被用在套装、风衣、大衣、裤子、裙子等外套服饰上。占全身面积 25% ～ 35% 的颜色视为辅助色，常用来制作单件的上衣、外套、衬衫、背心等。服装上占比 5% ～ 15% 的颜色为点缀色，多用于服饰拼接、配饰等用色，起画龙点睛的作用。

服装配色中，三色论属于经典的方法，即全身的色彩不超过三种颜色为宜。以花裙子为例，背包与鞋的色彩要从裙子的颜色中选择，异色只会增加凌乱感。想体现利落清晰印象的女性，服

装的整体颜色要偏少，颜色越少越能体现气质。从色彩对比色角度来说，3 ： 2或5 ： 2永远比1 ： 1更具层次感。

选购服饰前，明确全身色彩基调是第一要务。主要色彩应占较大的面积，相同的色彩可在不同部位出现，但大面积的色彩不宜超过两种。进行深浅搭配是第二步，当然，要夹杂介于两者间的中间色，这样的搭配才有层次感。同时要考虑清楚想突出什么，想突出上衣时就要选择浅色在上，深色在下的方式。如果想突显下装，选择较下装颜色略深一些的上衣来搭配，这是要遵守的搭配准则。点缀色彩多于胸花、发夹、丝巾，色彩要鲜明，但少而精更重要。

如果实在需要一则安全配色笔记，记住这个口诀：冷色+冷色；暖色+暖色；冷色+中间色；暖色+中间色；中间色+中间色；纯色+纯色；净色(纯色)+杂色；纯色+图案也能拼个优等生。

相邻色搭配和谐美

专业人士把24 色相环（色相环是指一种圆形排列的色相光谱）上任意一色与此色相距90°或者彼此相隔五六位的两色称为邻近色。但作为实际应用者，女性只需要记住它们指的是比较接近的颜色。比如黄色与绿色、黄色与橙色、红色与橙红、紫红、黄色与草绿色或橙黄色都是相邻色。相邻色

搭配想出彩，重点在于整体色彩要有明确的基调，主色彩要占大面积，其余色彩深浅搭配且一般不宜超过两种颜色，这样的搭配才能达到整体色彩的和谐美。

同色系搭配高级感

同色系搭配是永远不会“踩雷”的搭配方式，所有颜色都适用。以红色为例，朱红、大红、玫瑰红都包含有红色色素，视为同类色。再如，绿色系中的深绿、浅绿、墨绿、草绿等也都属同色系。只是，这种配色组合不似想象中那么简单，只有那些对色彩之间的过渡、材质的反差，以及风格的统一都有良好把控能力的女性才能搭配得游刃有余，就像深蓝与宝蓝色的搭配要比深蓝与浅蓝来得自然，丝缎与毛呢组合比丝缎和雪纺搭配更显稳重一样。当然，这只是初级版，配色高手还会利用深浅，明暗交错搭配出来最好的服装效果，因为类似的颜色想突出层次感，不仅要擅用明度和纯度变化，还要懂得拉大明度的层次，以避免色彩过于单一平淡。王者还会利用同色系但不同面料的服饰来演绎造型差异，比如雪纺、纯棉、灯芯绒、粗布等面料，哪怕是同一色系，也会因面料质感差异营造出不同的视觉效果。

互补色搭配相互成就

在 24 色相环上相距 120° ～ 180° 的两种颜色称为互补色。红与绿、黄与紫、橙与蓝都是典型的互补色。这种搭配最易失手的部分是搭配不当会形成不协调或过于强烈的视觉感受。正确的方案是：上下衣裤色彩应有纯度与明度的区别；两种颜色不能平分秋色，在面积上应有大小之分、主次之别。同时，不建议大面积使用，以免造成视觉不适。

无色彩搭配经典美

黑白灰是属于无色彩类型，它们无论和哪种颜色搭配都不会感觉突兀。这也是聪明女性的衣橱里一定会有这些百搭衣服的原因。

黑白配色不要五五开，比如用白衬衫搭黑裙子，只有一种颜色大面积使用，另一种作为辅助色才能完美搭配。

另外，当它们作为主色调时，能与任何艳丽的色彩和谐共存，比如用小黑裙搭黄色的丝巾，让造型更亮眼有趣。请记住，高级的色彩搭配从来不是通过“抢色”来实现的，能让所有色彩都绽放光彩，打造多赢局面的女性才是顶级配色高手。

混合图案搭配安全法则

当不同的色彩被编织成了一块面料，配色便不是随便交交作业就能过关的了，解题思路要随之升级。无色系的黑、白、灰作为永恒的经典搭配色，无畏复杂的色彩组合，任图案花色多复杂，它们都能融入其中。此外，还可以选择图案中任意一种颜色作为与之相搭配的服装色，以获得整体造型的和谐效果。假如坚持选择不同的图案面料，避免整体造型花里胡哨，切记确保其中的一个图案要比另外的一个低调，选择同一色系的图案安全指数会更高一些。

巧用配饰色彩协调提升

服装与配饰的完美搭配不仅是视觉艺术，也是触觉艺术。别小看配饰的色彩，作为点缀色可以起到画龙点睛的作用，也可以四两拨千斤地把你拉回正途。

黑色衣服搭金色或银色配饰能赢得满满的回头率。白色衣服不仅可搭金银色，就算搭蓝色、红色，甚至小面积的紫色、绿色配饰也不会失手。浅色系的衣服，搭白、金、银、和其他低饱和度的颜色配饰不会喧宾夺主，如果搭配炫酷色彩的配饰可提升吸睛度。

色彩花哨的衣服选择和衣服本身相似的配饰不仅相得益彰，还能平衡服饰的花哨感。当然，配饰也有“配色风险”，记住这些配色禁忌：冷不搭暖；亮不配亮；暗不搭暗；杂色远离杂色；图案远离图案，只有这样才能避免入坑。

穿对带来幸运，职场穿搭不出错

俗话说：先敬罗衣后敬人。决定一个人的第一印象，0.1秒就够了。特别是对于 OL 来说，服饰是最直接的包装和表达自己的方式，而服装的颜色又是最先映入眼帘的，所以职场穿搭更讲究配色。另外，服装作为女性的第二层皮肤，在职场中还起着突出审美魅力、知识魅力及行为规范魅力的作用，而适宜的服装色彩则能在无形中为协调人际关系、提高工作效率、创造优良业绩起到不可或缺的作用。

瑞秋 · 佐伊说：“你的风格让你无须动口，就说明了你是谁。”职场着装不讲究醒目和艳丽，更侧重稳重、大方、简约和舒适。身处职场中，如何借穿着不同颜色的服装树立职业形象，传递积极向上的信息是所有 OL 都应该掌握的一种技能。

职场常见的三个基础色

如果你知道职场配色的基本目的是衬托不俗的样貌，就不会诧异为什么黑、白、红会成为职场穿搭的基础色了。亚洲人得天独厚的黑发、黑白分明的眼眸以及红唇白齿的样貌对应的便是这三种颜色，这也是亚洲人比欧洲人穿着这些颜色更协调的原因。职场服装配色，比任何时候都要注意守住基本配色层面，因为办公场所不是时尚 T 台，不需要前卫的装扮。

经典稳重的黑色

黑色自带稳重和庄重之感，是典型的职业装颜色。一些女性偏爱黑色看中的是它“安全”不易出错，但作为职场穿搭，领导力才是它真正的加分项。黑色有非常强大的镇静、安定的作用，穿着黑色系服装，不仅遇事能让你沉着面对，还能缓解沟通方激动、烦躁的情绪。如果明天有一场“硬仗”要打，或者明天是个严肃重大的日子，你不想成为小透明，黑色服装是不二之选。

卡尔·拉格斐说：“一件黑色小洋装，永远不显过度打扮，也不致疏忽打扮。”一件设计出色的黑色小洋装可以让你穿上数十年、数百次，简洁的设计，朴实的剪裁是重点，再搭配超细高跟鞋、小巧但闪亮的配饰还能突显你不俗的品位。如果选择穿黑色套装，记得搭配一些亮丽的颜色，让造型更具层次感，比如蓝红的丝巾、松石绿的衬衣、金银色闪亮的胸针等。

黑色作为无色系的代表，是响当当的百搭色，有着超强的兼容性。但如何能搭配出高级感却不是人人都能掌握的技能。黑色和白色是经典的CP，这样的组合也很符合职场穿搭简约的风格，但若想突显气质，搭红色才是绝配，试试用红色上衣搭黑色短裙，非常显气质。化解沉闷可以搭灰色、黑色内搭衫搭配灰色阔腿裤，尽显高级感。想多几分时尚感可以和咖啡色搭，低调中又露着几分奢华。演绎高端搭深蓝色，普通的黑色T恤都会因为一条蓝色长裙而显得高端有气质。

坦诚可靠的白色

白色有着让人安心的力量，虽显得温柔却不失力量感，职场中无论是沟通解决问题还是向对方展示个人诚意，白色衣服都能帮你传递这些信息。如果你身处在一个相对狭小的办公室，白色衣服还能帮你调节沉闷的气氛。职场上，聪明的女性都会借由有品位的饰物帮助提升气场，比如一条花纹的丝巾，无论作为领巾还是发饰佩戴都能让你的职场造型可圈可点。

位居无色系阵营的白色，提升造型感需要搭档帮忙实现，想突出优雅气质的女士试试和高级的紫色系组CP，比如用淡紫色西装搭纯白色衬衣，迷人又有个性。若红白色相搭，尤其白色衬衫搭红色系窄裙，白色的分量越重，看起来越柔和，整个人更显清爽，而干练的OL常用白色上衣搭配冷灰色的裙子，以让职业装更精神。

激情热诚的红色

比尔·布拉斯说："如果有疑问那就穿红色吧！"自带强烈视觉的红

色系，可以很好地演绎职场OL所需的热诚、主动和激情。更妙的是，红色系能在团队中占据一种主导性，无论是在会议中发表新提案，还是表述你对一些工作的看法，大红色服装都能帮你一把。选择红色系作为职业装主场的女性，通常更重视剪裁简洁或中性的设计以及红色的明暗度和纯度搭配。红色本身自带娇媚和热辣风，如果你不想传递错误的信息，就要规避太过贴身或太女性化的款式，比如蕾丝、荷叶边等设计。

红黑色是经典CP组合之一，一个稳重神秘，一个充满生命力，两者相搭能够提升气色。红白相搭则有着色彩艳丽的时尚美，白色的纯净与温柔是压制张扬红色的最佳选择。红色和银色服装相搭可为气质加分，也算是比较经典的配色方法。另外，蓝色、墨绿色、浅紫、酒红色等颜色也是职场常见的基本色。

三种中性色为职场穿搭加分

米色系

米色系服装是知性优雅 OL 的首选色彩，其纯净典雅气息与严谨的现代职场氛围十分吻合。只是，米色有膨胀感，建议选择短款上衣或外套，搭配灰色系裙子，不但能突显腰线，还能拉长腿部比例，打造四六分的身材比例。

咖色系

深咖啡色可让 OL 穿搭更具古典高级感，但因为这种颜色的明度较低，需要借助亮色系的单品提色。深咖色的上衣搭奶茶色的长裙或长裤，整体穿搭不仅成功统一在同一个色调中，还轻松地演绎出摩登古典的职场造型。

灰色系

作为饱和度较低的灰色系服装，介于黑白之间的灰色是一种极为随和的色彩，想展现自己干练的一面又不想打扮得太过老成的职场新人可试试这个颜色的衣服。另外，感觉某件单品的色彩不好搭配时也可以用灰色系调和。

和基础色一样，除了这三种职业装最常见的中性色外，藏蓝、绿棕色、深棕色、茶色、淡米黄等也常出现在OL的职场穿搭中。

四个辅助色打造和谐之美

酒红色如发酵的葡萄酒般有着沉淀式优雅以及高贵的质感，搭黑色、灰色都能彰显职场OL稳重又内敛的配色风，还有墨绿色，看起来不好搭配，实际上却是显白利器，搭黑色和灰色，都显得与众不同。至于黄色，一些OL可能觉得太抢眼，但是若以白色作为基础色来搭配，就能打造清新又亮眼的职场造型。在色彩学中，蓝色被认为是最友好的颜色，既无攻击性又不失自我和内敛。所以，许多职场专家将蓝色定义为最适合职工穿着的颜色。只是作为辅助色要注意蓝色的占比，从而更好地显露轻盈友好的气息。

第四章

给你的形象披上“专业外衣”

英国设计师玛丽·奎恩特说：“时尚不是琐碎的小事，它是生活的一部分。”关于时尚，不存在完美的公式，每个人都能通过行之有效的方法找到最适合自己的形象设计与风格。

本杰明·富兰克林曾说：“吃随己愿，穿则随他愿。”在第一次见面的前十秒钟，你对一个人的印象就形成了。服装是塑造你外在形象的重要部分，你所穿戴的一切都是一种表达，当你了解如何通过自己的形象、装束去发挥自己的优点时，你就能掌控自己所要的印象。

风格的真谛，在于搭配

风格真的那么重要吗？是的，因为着装可以告诉别人你是谁，这是一种无声的语言。没有风格的着装会让人毫无存在感，而太过个性的服装则会让人贻笑大方。只有搭配得当的服装才能突出优点，展现个性，同时弱化外貌上的遗憾之处，给你带来更多魅力和自信。

形象表达了个性，而搭配则意味着你有意识地穿衣，并以此塑造希望被别人认可的形象，从而使服饰、发型、化妆等各方面整体搭配更加协调。选一套适合你、能展现自己价值的衣服，是开始一天的好方式。要找到与自己个性相符的着装之道，除了选择服饰，更重要的是以何种方法将之搭配起来。

要塑造风格，关键在于搭配

服装搭配不仅仅是将服装简单组合，而且是要将你的生活方式、社会环境等诸多因素结合起来，以此塑造整体美。好的穿衣风格并不是你买了多贵多好的衣服，而在于你在日常生活中如何把适合自己的衣服通过各种方式搭配起来，并让它们看起来和谐、悦目，进而展现你心目中的自我。塑造风格，意味着要看整体效果，不断调整。穿上一条漂亮的连衣裙就出门，这不叫搭配；根据所去的场合，认真考虑与之搭配的鞋子、外套、包包、首饰，包括发型与妆容，这才是真正的搭配。

只要掌握了色彩、面料、材质、图案、风格的运用技巧，就找到了成功的方法。这种全局的意识，跟和谐有关，和谐是拥有好的穿衣风格的捷径。有的人可能穿的每一件单品都很漂亮，但因在服装的细节上处理不当，或者穿的衣服不和谐，结果造成整体效果不好，其原因就是重单品轻搭配。

好好搭配，从了解自己开始

很多人在搭配风格上最大的问题是跟着潮流走，靠想象买衣服。如此花费了不少时间和金钱，购买了大量的服饰，却总觉得没有衣服可穿，最大的原因就在于不了解自己。所谓“个人风格”，是由个人外形特色 + 个人生活情景 + 个人喜好这几个部分组成的。不要单纯模仿某位明星或时尚博主，因为你跟明星是不同个体，拥有着不同的生活。

告别盲从，从认识自己、穿出自己的风格开始，从面部风格、骨架类型、适合的色彩，找出自己适合的衣服颜色、衣领设计、衣服材质以及衣服的款式。从生活方式与个人喜好分析，可以让你的穿衣风格贴近自己的生活，从而让心情愉快，因为这是你的偏好，你的生活方式。

要最大限度地扬长避短，需要反复练习，这是学习搭配的过程，也是挖掘自信心的过程。

在镜前好好观察自己

有一种比买任何衣服都更能提升穿搭能力的道具，它就是一面全身镜。搭配是一种整体战斗，被人称赞“会穿”的，肯定是协调感很好的人。因此确认全身形象是否协调非常重要。要想改变自己的风格，掌控你传达给

外部世界的信息，就要花一定的时间认真地照镜子。

照镜子的时候，需要观察的内容有两方面：

一是你的优势是什么？

二是你的脸和身体有什么典型特征？

你准备一面手持镜子，站在全身镜前，用手持镜子从前面、侧面、后面 360° 全方位观察自己。不得不说，很多人不能正确地判断自己的身形优缺点，特别是对自己“缺陷”的认识会放大，而面对全身镜的自我观察，就是纠正这个错误的练习。特别是当你觉得自己的形象“不可救药”，害怕照镜子的时候，就更需要好好地使用镜子。

照镜子，很大程度上就是学会如何观察自己，仔细盘点镜中自己的优势和缺点，找出自己最应该突出的部位或特点，如眼睛、头发、身材曲线、身高、体型、肤色等，当你确定了这些优缺点后，选购衣服就会变得有针对性、有目标性。

你的衣服穿在身上的表现如何?

做任何事情，为了提高水平都需要进行练习，服饰选择方面的练习就是反复“试穿”。将各种各样的衣服穿在身上的过程，就是自我练习的过程，此时，穿衣镜就成了可信赖的学习伙伴。在家里利用现有的服饰尝试各种搭配，也是个很好的练习，擅长穿衣打扮的女性，其实都是这样反复试穿练成的。自认为不擅长穿着打扮的人，从现在开始努力也不算晚。

在镜子前，你要注意的不仅是身上穿的衣服会不会显胖，还要注意整体装扮的效果，如所穿的鞋子、所戴的首饰是否都跟衣服搭配。最后还要留意包包与外套，看看它们能否塑造出一个和谐的整体。特别在穿好鞋子、拿好包包后，再整体观察一下，是否整体协调。

外在的影响力来自精准穿搭

尽管没有所谓什么年纪的人该穿什么衣服的限制，但是看场合穿衣服则绝对必要。在当今的社会环境下，着装就像是你的另一张名片。

用心地穿着，不是非得花大量金钱购买单品，或者花大把时间做搭配，而是在了解自己、掌握穿搭理念的基础上，每天在选择衣服前花几分钟时间，思考今天要去的场合、要见的人、想呈现的感觉。每日搭配的重点无论是一个色系，还是某个单品，都能让人感受到你对生活的热爱。

服装场合一
日常——舒适基础款提高日常美感

你在工作之外，是如何对待自己穿着的？肯定是怎么舒服怎么穿——追求舒服没错，但同时一定不能放弃对搭配的思考。

工作之外的计划，不管是独自散步还是和朋友逛街，甚至只是在家里待着，都应该换上自己喜欢且适合场合的衣服。上班时，你不能穿得像逛街时一样，那么休息时你也不需要穿得像工作时一样。工作之外的时间，正是属于自己的珍贵时光，这段时间里，你可以穿得不那么正式或华丽，但仍要呈现心中希望的自我形象。不要把喜欢的服饰只留到特殊场合，生活中特殊场合不多，平凡的日常才是你需要去装扮、去享受的时间。

舒适和随意并不意味着乱穿，某种意义上，穿得随意又漂亮，比穿得正式、职业更不容易。在周末，不如进行自己的着装探险，打开衣柜尝试一番，塑造职场之外的自我风格。

花心思营造出“随意感”

如何在全副武装与不修边幅之间，找到一种讲究而舒服的风格？简单来说，就是要追求“不费力也很美”的自然境界，表面上看不出刻意打扮的痕迹，整体又散发舒适感。然而这种不经意的优雅，不能是随便一穿，而需要用心考虑穿着细节。

“随意感”是日常穿搭中的重要元素，简单舒适的基本款服装更需要注重搭配与穿法变化，“非正式的穿着方式”是提升日常美感的钥匙。

休闲感和时髦感的比例是 1 ：1

如何穿得舒服又不失时尚感？试试基础休闲感和有设计感的单品，并采用 1 ：1 原则穿戴起来。一件休闲感的单品，配一件时尚感单品，达成平衡。例如用牛仔裤配小西装，连衣裙搭皮夹克，都是新鲜又好看的搭配。

近年来一直被人推崇的巴黎人时尚品位，正是来自“不经意”的搭配方式，比起全身上下都是讲究的行头，巴黎女性经常以西装＋球鞋的组合，或是一身轻松的打扮下搭配一个经典款皮包，在正式与休闲之间达到完美平衡。

要掌握摩登休闲风，一条简单的牛仔裤内搭白 T 恤，再搭上利落西装外套、粗跟高跟鞋，立刻就能营造出都市感十足的穿搭。想中和穿搭的甜美感，就利用球鞋、背包等运动风的单品，这样就会变得率性又不显突兀。

一种单品，多种穿着方式

很多人都有这样的穿搭困惑：“为什么传说中的时尚圣品白衬衫穿在

自己身上像职员？”之所以出现这样的问题，主要原因是除了选款的问题，还有就是穿着时过于中规中矩。解决方法是解开扣子 + 卷起袖子 + 处理下摆，让白衬衫呈现出不同的观感。一件宽松的白衬衫搭配牛仔裤，是舒适、简约穿搭的经典示范。不要将衬衫扣子扣到最上方，解开两三颗扣子，让衣领轻松地向后颈部垂下一些。这种穿法能展现锁骨与后颈线条，脖子下方的 V 形线条使脖子显得更修长，脸部轮廓更精致。

另外衬衫下摆的处理方法也能带来丰富的风格变化，将衬衫下摆扎起既显得利落又有正式感，若将下摆全放出来则显得舒适随性。也可以尝试“扎一半”的方式，将衬衫前半部的其中一侧扎进下装，另一半自然外放，扎起的一半可以显示腰线，外放的一半下摆则还能遮肉显瘦，这是很能展示个人特色的穿法，很适合日常休闲放飞自我，也可以在下班后用这种方式来转换风格。

另一种改变衬衫观感的方法是在腰部打结，即解开纽扣，将左右前襟交叠起来扎进下装，这种方法更适合材质较软的衬衫，感觉更柔美。

任何天气，都要好好穿搭

很多人在日常穿搭中都容易受心情和天气的影响，心情好天气好时，就乐于打扮，但心情低落、下雨天时，就随便穿穿。其实，越是下雨天，越要为之好好装扮，才能给自己带来不一样的心情。

请告诉自己：“没有坏天气，只有不合适的衣着。”下雨灰暗的天气里，最适合启用鲜艳明亮的色彩，这会让人过目不忘。

别滥用黑色，别害怕彩色

当你不想刻意打扮时，常会下意识地穿上一身黑衣服。虽然可以用“黑色万能”来自我辩解，但未经有意识地选择、搭配的黑色衣服，只会带来沉闷感，会让你看起来特别没有精神。心情低落的时候，反而应该选择色彩浅淡柔和、面料柔软的衣服，这不仅能帮你提升气色，还能产生被安抚的感觉。

少量使用鲜艳的颜色，是专业造型师的秘诀。在中性色和深色的外套上增加一抹鲜艳的颜色，就很容易“跳出来”。我们要有意识地运用鲜艳的颜色，通过对比反差的搭配方式吸引人们的目光。比如用浅灰色衬衫搭配湛蓝色领巾，或者为黑色裙子配上小红鞋和红色皮带。鲜艳的颜色在暗淡背景色里会更突出，哪怕只有一点亮色，也能吸引注意力，让你显得光彩照人。如果你对使用鲜艳色彩还不能得心应手，那就从日常穿搭开始尝试做起。

服装场合二
职场——得体比好看更重要

在职场上最好的穿搭，第一目标不是“美”，而是“专业感”，这是一个有魔力的词，能给你带来职场好运。

有调查显示，70% 雇主承认面试者的装束会影响录取意愿，90% 的消费者倾向于选择看起来“干净利落、更专业”的销售、顾问等所推荐的产品或服务。

我们的形象带有很多信息。其中很重要的一点是：我们的穿着代表着当下的身份。在第一次见面时，给别人“在这个领域很专业”的感受，能带来更多信任度。比如一些女演员在转行做导演时，着装上就变得偏向更简洁的版型和直线条元素，以增加理性气息。

如何塑造“职业感”的形象

不同行业、不同职位，所需要的职业装其实是不一样的。要想穿出适合自己工作场所的风格，就需要你用心思考自己的工作场合需求，找到自己的职场穿搭关键点。无论你身处严肃的工作领域还是在创意产业工作，挑选职业装都至关重要。

金融产业：需要有对细节的讲究感，选择款式经典的西装外套、裙子和西装裤，再加上外套内穿的衬衫、针织衫等上衣作配角，以及有质感的配件为点缀。

公务员：朴素却不单调是公务员的穿衣原则。以简单的服饰为基调，再佩戴丝巾、胸针等没有隆重感的配饰最适合画龙点睛。

科技行业：素雅利落的形象能让你很容易融入科技产业环境中，中性装扮带点女性化细节，是女性科技人员聪明的穿衣哲学。

时尚、设计类岗位：需要体现较高的审美水平，服饰色彩和单品搭配的方式要比常规的职业装多一些活力和潮流感。不妨为自己建立一个鲜明的"个人品牌"，让某一类服饰、配件或颜色成为你的个人标志。

职场万用搭配法

面对不同的职场环境，有没有不出错的"万用搭配法"？

用好基本单品，简单大方不出错

一般工作场合的着装，得体、舒适和合身是关键。检验标准就是出门前搭配完成后，一整天工作中你就不会被任何服饰环节困扰了。必须舍弃那些磨脚的鞋子、肩部腋窝太紧的小西装、腰部太紧的裙子，如此才能让你在工作中舒适自如。

请换上合身、简单能让你忘记它们存在的衣服，比如一条适用于所有场合的简洁款连身裙、基本款衬衫、西装外套、西装裤、半身裙等。这些

单品看上去平淡，却在职场上必不可少。选择面料较好的款式，尽管多一点预算，但它们可以穿很久。

可以尝试一下“半套套装”法，即不要穿一整套套装，不同色彩的上装与下装交叉混搭，能让你看起来更有个人风格。

小面积色彩与图案点缀

低调素色是职业装的首选，但时刻“黑白灰”又缺少了变化感。在职业装中可以加入小面积自己喜欢的色彩或印花，只要不过于缤纷就好。图案首选清爽的极细格纹或条纹，简单又有变化，也足够有年轻感。

鞋子要好好挑选

对于上班族来说，如果公司着装文化偏保守，那么最不能将就的单品就是鞋子。一般来说，黑色的低跟皮鞋是最保险的款式。不习惯穿高跟鞋的人，可以选择平底踝靴、乐福鞋，绝对不建议的是露趾凉鞋。

“轻职场”穿搭，重点在尺度拿捏

现在许多企业都接受更灵活的轻职场穿搭，就是适合工作场合的休闲造型，这类服装不需要太严谨，也不能太随意。

“休闲风格”运用在职场中，重点在于适度得宜的分寸拿捏，而这也正是难点所在。每家公司的文化不同，如果你不能确定是否该穿牛仔裤，尽量避开就是良策。在可穿着运动鞋的情形下，要选择基本色及帆布鞋样式的鞋款。

尽可能选用简约设计、不易起皱、能呈现整洁感的服装单品。即使是在炎热的夏季，工作场合也要注意露肤度不可太高，可选择简约的针织上衣，避免较透明的材质。无论连衣裙还是半裙，长度至少要到膝盖，稍微过膝的长度最安全舒适，因为工作久坐时，裙摆难免会向上缩，不及膝的裙长站立时没问题，坐下可能就不合适了。

面试穿搭：穿着与目标职位相一致

面试时，穿着要比日常上班更正式与精致一些。你要谋取什么职位，就要穿得像那个职位的人。如果服装的质感、正式度能比面试官期待的再好 20%，赢得理想职位的概率自然更高。

如果你在面试前担心 “穿得太正式会不会感觉有点尴尬”，你的这种担忧就是多余的，其实对面试官来说，求职者穿着正式，不仅能展现出专业感，更能感受到求职者很重视这次面试机会。

面试穿着的正式度要减下来很容易，但要加上则很难。比如西装＋衬衫＋铅笔裙，到了面试场地时，若感觉太正式，只要把外套脱下来就可以了。如果不确定面试场合到底有多正式，就要让自己“进可攻、退可守”：确认自己的穿着有两种可能性，除了穿着西装外套的造型之外，万一临时脱下外套，仍可确保内搭全身和谐，整体造型得体好看。

服装场合三
宴会——优雅美丽选礼服秘籍

除了日常与工作之外，一年中我们总会遇到几次需要"盛装出席"的场合。比如大型晚宴、公司年会、酒会、亲友的婚礼、大型派对等等。

在以前，人们认为派对文化只局限于上流社会，如今它已经十分普遍了。要在派对上展示自我，得体的服装是一条重要途径。

关于晚宴或派对着装，与主题匹配是最重要的事。这类场合其实细究起来也有分别，不同场合对着装的要求是不同的，无论出席任何活动，都要先仔细阅读和理解请柬上的要求，按着装要求着装就不会出大错，如果请柬上着装要求写得不够清楚，可以直接询问主人。

参加宴会，灵活着装

你的衣橱里是否有能参加晚宴的"战袍"呢？大多数情况下，你其实并不需要特别准备一件平时无处施展的专用礼服。与其买一件不常穿的夸张礼服，不如选择一件自己喜欢的单品，平时能穿，加以修饰也能出席特殊的晚宴，塑造出既不夸张也不过于随意的形象。担当这一重要角色的单品，通常就是连衣裙。

需要注意的是，能担当临时礼服的连衣裙，应该是"极简"与"华丽

感”相平衡的单品，且最好能满足以下条件：

纯色；适当露肤或有曲线感；材质趋向精致，如丝质感、微闪面料等。

这样的连衣裙日常穿着也不夸张，搭配好夺目的配饰与鞋子、包包，直接走入宴会也毫无违和感。而一些质朴感强或少女风格特别突出的款式，比如柔软棉质感、田园风印花裙或格子裙，就很难融入宴会的环境。

小黑裙永不落伍

倘若你真的不知道在聚会上穿什么，一条经典小黑裙可以将出错率大大降低。推荐你准备一条有收腰设计的无袖、及膝小黑裙，因为它永远不会过时。不过，想在众多小黑裙中脱颖而出，就要在细节处理上花点心思。适当露肤的款式能避免沉闷，不对称、不规则剪裁的小黑裙，会显得更灵

动有创意。

亮片单品，此时用最佳

聚会的核心在于闪光，亮片单品能帮助你脱颖而出，但不必全身都亮闪闪的，选择一件带有亮片的单品就足够了。把重点放在露肤面积最多的上身是很聪明的做法，比如用亮片上衣搭配黑色九分裤，或者在金色微闪的连身裙外面披一件蓝色外套或是披肩，再或者穿上丝质衬衣和黑色阔腿裤，外搭一件金色小外套。你只要在平常穿的衣服上搭配一件闪闪发亮的服饰，就能打造出靓丽的形象。

包包要小而精致

出席派对或主题聚会，如果背日常包袋，即使是热门款也会显得格格不入。在宴会或派对场合，包包的装饰性要放在实用性之前，与其说是选一只包包不如看作选一件配饰。材质上可选择亮面的，或镶有亮片、水钻的，如果服装是黑白纯色，可以选择搭配亮色系包。

首饰可以再夸张些

想在宴会上光彩照人最重要的诀窍就是运用配饰。配饰的选择上，一定要摒弃日常“小而精致”的款式，采用足够大、更炫目的款式，让个人风格更鲜明强烈。判断的标准是，要醒目到不禁发出“这么夸张真的可以吗”的疑问——但不必担心，答案是肯定的。

重要场合前进行“着装彩排”

穿一身全新的衣服出现在重要场合，很可能会让你感觉局促。

最好的办法，是提前把衣服准备好，并且先穿几次，进行磨合。磨合期能增加衣服与自己的契合度，平常不习惯穿丝裙的人往往会束手束脚，但经过磨合，就能让你感到衣服穿在身上是否自如，把正式“舞台”上发生意外的概率降到最低。更重要的是，在这个过程中你会更习惯这套服装，当你真正站上“舞台”时，能够完全没有后顾之忧地绽放魅力。

服装场合四

约会——建立别人对你的向往

约会穿搭，不仅要展现女性魅力，还要通过穿搭风格表现自己的个性。

着装可以告诉别人你是谁，而在约会时，你无疑希望展现出既真实又美好的自我。没有风格的着装让人毫无存在感，而太过隆重或奇异的服装又可能让双方都不自在，这也是“初次约会穿什么”总令人头疼的原因。

约会着装的总原则是，可以精心打扮，但不要把自己伪装成另一个人。重点不是要有多妩媚或多时髦，而是在释放温柔感的同时，还能展现自己的个性，外表温柔精致、内心独立坚定。

约会穿搭，最重要在于按场景穿衣

好的着装是一次成功约会的组成部分之一，这个“好”包括你选择的服装款式、色彩搭配，也包括着装的整洁。此外，根据要去的场合选择的装扮也十分重要。服装有必要随目的地调整，比如在城市中喝咖啡散步，那么飘逸感裙装＋猫跟鞋的搭配是美且合适的，但如果活动内容换成野餐，就会让你和对方都感觉不方便、不舒服。

看看今天想要呈现的是什么气氛，想象一下穿这身造型进行一天的活动时会有什么心情，带着如此目的来打扮自己，通常会得到安定和信心。

第一次约会：日常着装风格 +20% 甜度

第一次约会时虽然大家都想展现最美的自己，但不要过度打扮，只需拿出比平常多 20%的心思装扮就好。如果你第一次约会时就穿着正式如小礼服般的连衣裙，或者很多女性化细节的服饰，会有用力过猛的感觉。记住，如果约会时的衣服不是你平常所穿的，你很可能因不习惯而举止不自然，既无法展现服装的美，也表达不出自己的风格。

初次约会，大部分人会选择比较轻松的活动，比如喝咖啡、逛公园、看电影等。因此，只需按自己的风格做自然的日常装扮，同时加一点小变化，让对方能感觉到“你今天有一点不一样”就够了。

别太用力，舒适很重要

首先要明确，并不是只有穿着华丽才算是精心打扮，对于初次约会来说，不建议穿着有太多花样或设计的款式。男女性对于衣着的想法有很多不同，许多时候女性觉得时髦的打扮，男性不一定看得懂。

如果你实在拿不准该怎么穿，就以简约轻便为主调，简单的装扮最不容易出错，在这个基础上加一点装饰就会显得突出，反而加分。要选择面料好的衣服，因为这更有精致感，并且让你感觉舒适自如。

用柔和色彩包裹自己

前几次约会时，不建议穿大面积的鲜艳色，太抢眼的颜色有强势感，与对方站在一起容易显得格格不入。从简约悦目的角度来说，中性色搭配肯定

最不出错，但毕竟是约会，最好能透露出温暖明亮的感觉。如果你平时习惯了黑白色系穿法，可以试着启用同样低调但更明亮的米色系进行同色系穿搭，将驼色设定为身上最深的颜色，比如是裤子或半裙，那么上衣的色阶要亮一到三阶，可选择稍暗的米色，而身上最浅的颜色应该是白色或奶油色，再搭配浅金色饰品，这是非常温柔又清新的形象，有助于提升约会时的好感度。

如果你的肤色不适合暖色系，也可用同样的方法来搭配整体偏浅的灰色系，加入雾霾蓝与白色提亮。最后在整体柔和单色系搭配的基础上，再加入与总体协调的一小块亮色，可以是配饰，也可以是服装上的图案，就能醒目而不抢风头了。

营造一点恋爱氛围

约会时适度露出肌肤，好感度

就会大幅提升，但露肤的分寸感要掌握好。最安全的露肤部位，是颈部、手腕、脚踝，它们是最有纤细感的部位，无论任何身材，着重展示这三个部位，都会有柔美感，同时绝不至于尴尬。如果你平时常穿圆领 T 恤或针织上衣，约会时换成 U 领、V 领或大方领，或者穿衬衫且解开两三颗纽扣；如果穿长袖衬衫或外套的话，就要将袖子卷起来；鞋与裤脚之间要露出脚踝，这样会显得很轻盈。最后，无论哪种穿搭，都别忘了带上笑容，让身边的人感受到你的甜蜜心情。

热恋中的约会：默契感情侣穿搭

约会时着装的关键点，在于和对方分享甜蜜的心情。如果和男友去海边约会，前一天就可以边想象约会的场景边选衣服，这样的好心情不仅能让你充满魅力，也能将期盼美好约会的心情传达给对方。如果能尝试在约会时与对方做一点呼应，感觉会更美好。

注意，情侣的约会，要避免衣着同款，而是通过穿搭在风格和色系上做好层次区分，让两人的整体风格、颜色互相呼应，突出默契感。

两人穿相同或相近配色的衣服时，款式不用相同，只要色彩呼应即可。可以是同色系一深一浅；也可以两人保持有一件色彩特别的同色单品，以搭配出有默契感的情侣装。

如果你裙子的颜色与对方内搭 T 恤的色彩一致，或者你的衬衫与他的裤子同色，如此颜色颠倒的方式不仅能碰撞出更为有趣的呼应，还能不经意间让人感觉到精心搭配过，且非常抢眼。只要善用相同元素，即使是不同款单品也能配出情侣味。比如一起穿条纹元素，同色系但条纹密度不同，或者条纹相同，但色彩互补，都能带来不同的呼应感。

约会，请避开以下穿搭

不要全身都宽松。我们说约会穿搭应有随意感，但绝不等于穿着类似家居服的宽松 T 恤、运动裤去约会。约会时最好屏蔽掉过于宽松的衣服，因为此时你需要的是表达自己，而不是把自己藏在宽大无形的衣服里面。

别走全黑路线。即使你平时很会穿黑色，约会时最好也能加入一些明亮感或温暖感的色彩。

慎穿高跟鞋。约会初期尽量别挑选跟太高、款式太复杂的鞋款。除了给人感觉过于隆重，更重要的是，如果行走时不能舒适自如，又怎么享受你的甜蜜约会呢?

不要背大包。背上大包去约会不加分，大包无论是去电影院或餐厅都不太方便，在两人散步的时候也会拉远与对方的距离。最适合约会的包款是不超过 A4 纸大小的单肩包，如果是户外活动为主，轻便的双肩包也可行。

服装场合五
旅行——出行服装的和谐穿搭

旅行，能让你突破原本生活框架，做各种尝试，包括着装风格上的尝试。你可能发现，在旅途中，你可以很自然地穿起平时感觉太夸张、不知如何穿出去的服装。所以，旅行也是探索穿着风格，发现自我另一面的好机会，但旅行时的穿搭，既自由又受限。风格上，你可以突破日常场景，但同时又受制于空间有限的行李箱，需要在有限的单品基础上搭配出不一样的形象。另外，旅行毕竟不同于日常，想在镜头里留下鲜明又美好的影像，还得要比平日高调一些，准备"上镜"的旅行穿搭，既要考虑与不同环境的相调和，还要能衬托出本人的美，其实这是很有趣的挑战。

旅行穿搭原则

依照当地气候、文化挑衣服

第一步记得先确认目的地的气候、环境和文化状况。

天气影响穿搭方案：寒冷或闷热、干燥或潮湿、是否常下雨或起风、早晚温差大或小……确认得越详细，就越能准确带上所需的衣物。在不好判断天气的情况下，尽可能带些穿脱方便的衣物，使多层次穿搭更灵活。

如果去热带，除了一件轻薄羽绒备用就不再需要冬衣；而要去中东国家，就无法穿短裤短裙。去海岛度假、去徒步登山，或纯粹是城市之旅，需要的穿搭也各不相同。如果旅游目的地是时尚大城市，可以比预期再少带几件衣服，在目的地购买新衣。

预留“空间”的剪裁

旅行中可以穿得漂亮，但不能牺牲舒适度。首选亚麻、棉等天然材质，透气性高、亲肤，缺点是易皱，打包时要仔细折好。

慎选紧身单品，尤其是当目的地气候偏热时，穿着紧身裤在阳光炫目的异国街道走两个小时，就只有狼狈没有美丽了。旅行时总要步行，要特别注意给双腿留些活动空间，直筒裤、半裙都是很好的选择，另外特别推荐长裙与阔腿裤，不仅轻便，拍照时也更有精心装扮的感觉。而且除了野营、登山等特定行程外，旅行中长裙的适用度格外地广，天热时足够清凉通风，天冷时可以在内层加厚裤袜保暖。

重复穿搭原则

旅行必须考虑的是“重复穿搭”。能交叉搭配变换不同穿法的单品决定了你在照片中看起来是否多变。

为简化行李箱，所带的每件衣服至少能有 2 ～ 3 种搭配。并且保证出门前将你考虑的每种穿搭方案都实际试穿一下，觉得合适再带。

衣服数量有限，那么配饰可以尽量多带一些，换不同的帽子、丝巾就能搭出不同感受。项链、耳环、手链等小配饰，建议带些较便宜的，到了目的地，还可以直接购买有当地特色的小饰品。

美好旅行照片的穿搭秘诀

为什么有些衣服日常穿搭效果很好，在照片里却没那么突出？想拍好旅行照，在挑选服装时也是有诀窍的。

戏剧效果很重要

旅行穿搭与日常最不同的部分，就是戏剧感。平时穿了感觉夸张的衣服，在旅行中却可能很自然，并且特别上镜。若想追求更好的拍照效果，带上一两件抢眼衣服，甚至夸张的衣服是有帮助的。

从摄影的角度审视穿搭

考虑服装搭配时，要把自己和旅伴习惯的拍摄方式也考虑进去。如果常自拍或拍半身近照，重点就要放在上半身，可多带几组有设计感的耳环、发饰与项链。如果喜欢拍摄整体远景，那么服装整体线条感与色彩醒目，就比细节精致更重要。

总的来说，上衣可以变化稍多一点，选择百搭款下装，将重点放在上半身，在版型上注意搭配细节，更能展现风格。

自然中穿艳色，都市里穿素色

自然风光通常都是朴素的大色块，这时一件足够亮色的衣服就会让你成为画面焦点。注意衣服颜色要与背景有反差。如果穿绿色去草原，穿黄色去沙漠，就会被淹没了。因此在自然环境中，红色系通常比较容易凸显出来。

城市里背景常常比较纷乱，很难控制主色调，所以低调的素色系服装会显得更有质感，更能融入都市的感觉。

繁复背景穿纯色，简单背景穿花色

除了颜色，衣服花色也很重要。背景越复杂，衣服的花色图案就要越少；背景颜色单一时，穿着花色单品效果就不错。举例来说，如果在花砖背景前拍照，就要穿素色衣服，让自己跟花砖隔开；相反在沙漠小镇，花色头巾或裙子就会对画面有帮助。

穿上当地服饰，有惊喜

如果你去的地方有特别的服饰文化，那么买几件当地服饰就是很好的选择。旅行是展现民族风的最佳时机，在当地购买服饰的最大好处是，这些服饰通常是最适合当地环境与气候的，而且较为地道，不仅拍照效果好，也能增加旅行感受。毕竟服装也是文化的一部分，这样的体验也是相当好的。

旅行实用单品

长衬衫可以扣起扣子当衬衫裙穿，也可以将扣子全部解开，当薄外套或防晒服，尤其是当衬衫裙穿时，系腰带与不系腰带又是两种廓形。旅行中，风格变化余地越大的单品，就越节省行李空间，外出旅游时带这种一衣多用的衣物准不会错。

半身裙也非常适合旅行穿搭，选择材质柔软轻薄不起皱的，裙摆大一些，或裹裙样式，搭配性更高。在海滩时可以搭配有设计感的泳衣和人字拖，加一顶大草帽就有度假氛围。同样一条裙子，人字拖换成高跟鞋，搭配素色上衣，加一条有华丽感的项链，也能出入相对正式的餐厅或酒吧。

无论是搭乘飞机、火车或邮轮，空调温度都很低，因此长途旅行时有必要随身带上轻薄外套。推荐柔软的针织开衫，既能扣好扣子当上衣，也能敞开增加穿搭层次，还可以披在肩上，便携、百搭，各种情境下都不会突兀。

背心裙是相当灵活的单品，单穿清凉惬意，适合穿去海边，若外面搭件上衣立刻摇身一变，整个人便庄重起来。

牛仔裤耐脏又好搭，在旅行中也实用，到热带地区可以换成牛仔短裤。旅行时注意不要选磅数过重的款式，轻量感、版型微阔的牛仔裤适合旅行时穿着，深灰、深蓝及黑色会比普通靛蓝色更适合搭配略有正式感的上衣。

找到自己专属时尚搭配法

流行来来去去，但真正的风格永不磨灭。时尚没有保存期限，不论什么年纪，我们都可以学习穿搭，不仅为了塑造一个好形象，为了时尚，更为了体验穿搭的乐趣。每天为自己的穿搭设定一个主题，会更有方向，每天早晨选择衣服时，依当天的天气、心情、场合、对象等因素，为自己圈定一个范围来挑衣服，以此增加得体度，并且带来足够的自信。

创造自己的穿着风格要循序渐进，从了解既有规则开始，从掌握基本款服装的选择与搭配开始，然后就能一步一步由易到难，挑战混搭及多层次穿法，最后形成最适合自己的成熟穿搭模式。

搭配一

完备基础款服装，体现你的高级感

最好的穿衣方式，就是穿适合自己身材和日常需要的衣服。所以在探索穿搭方式的路上，我们最先应该学会的，就是自如地选择与运用个人必备的基本款。

基本款是日常穿着的基础，它们是所有人的好朋友，也应该是你衣橱里的主力军。很多人在服装上存在的问题，就是基本款服饰太少，而“很特别”的单品太多。确实，有设计感、醒目花色或带各种装饰元素的服装，摆在店里总比基本款吸引人，然而这正是我们穿搭路上的主要陷阱——越特别的衣服，想搭配好就越难，它们很难互相兼容，有些单品就只能搭配出一种风格。

基本款看似单调，却有着最大优势：能够快捷互搭，穿出随性干净的感觉，即使过一年，甚至若干年再穿，也没有过时感。而且基本款可以衬托有设计感的单品，它的穿搭变化之多超乎你的想象。所以无论何时，请先保证自己有足够的基本款单品。

什么是真正的基本款

基本款确实是低调的服装，但并非“普通”的象征，基本款这三个字，并不代表着日常，更重要的是在于颜色、面料、质感及款式的百搭性，只有满足这四点的单品，才能称为基本款。平时需要的服装类型，大体上由T恤、衬衫、连衣裙、长裤、半裙、外套、针织衫、大衣等几类组成，每种类型中，都有相对的基本款与特殊款。你至少要保证，以上每种服装类型中，都有一到两件基本款，这样就可以保证成功搭配。

寻找属于自己的基本款

基本款不是特定的款式，而是你穿起来最舒适、最容易穿搭，即使天天穿也不突兀的衣物。同时，基本款的定义会随人生阶段而改变，比如你的工作性质发生变化，也可能导致你的基本款有所转变。

白衬衫是基本款中的基本款，但白衬衫的版型、材质和款式千变万化。

第一，并非所有白衬衫都是基本款；第二，适合你个人身材、风格和穿着习惯的白衬衫款式，需要自己找出来。

只有能衬托出你的美，并且与你的其余服装单品合作融洽的，才是属于你的基本款白衬衫。如果你就是对白衬衫无感，但深蓝色亚麻衬衫却让你穿起来随时感觉舒适、自如，并且几乎能与你所有下装搭配，那么你的基本款衬衫就是深蓝色衬衫。

虽然你很容易看到各种必备的基本款清单，但毕竟每个人的习惯、生活场景不同，你真正需要哪些基本款，就需要自己花费一些时间与行动来确定。

选购基本款不可“偷懒”

越是简单的衣服，就越需要在细节上更完美。挑选基本款主要看版型和面料。不一定要买贵的，但必须品质良好。

面料的重要性

基本款作为你不同场合不同造型的搭配基底，穿着频次是最高的，是整个造型的基底，就像化妆时的底妆一样，质感非常重要，柔软、厚实一点，至少穿起来会舒服。棉质、羊毛等天然材质都是比较安全的选择，亲和肌肤之余又柔软随身，针织衫的材质，是羊毛、羊绒或棉线，呈现的感觉都不一样。浅色系的针织单品，特别需要注重面料，因相比深色调，浅色衣服更容易看出面料的细腻度。

穿不出高级感，可能是挑错版型

虽说基本款需要穿着舒适，但大部分人都有个误区，就是因为购入过于宽松的版型，让自己看起来没精神。所以挑选基本款，也要对自己的身形比例有客观认知，再亲身试穿，比较不同的版型与剪裁，找到真正适合自己的“那一件”。如果不知如何挑选，应该记得，立体剪裁比平面剪裁更能衬托身材，肩线位置不会缺乏精致感，衬衫的长度大体按照无论是裤子或裙子都适宜的长度来选择。

基本款的服饰，尺码尤为重要

无论多么好的衣服，一旦尺码不对，也就失去了它应有的价值，各品牌的尺码不尽相同，同一品牌的衣服尺码也会因衣服的类型有差别。想选到合身的衣服，不能只认固定尺码，要去试穿，并且同时试穿、对比在你穿着范围的几个尺码，选择最能衬托你身材的那一件。

虽穿着基本款，但看起来不普通

基本款留给你最大的困惑，就是这些单品往往颜色与剪裁都简单，担心穿上身就显得普普通通，实际上，真正凸显时尚品位和搭配功力的就是基本款。只要选择对了，再好好搭配，哪怕只用基本款，也能塑造出简约利落的造型，甚至营造出高级感。

一套全是基本款的穿搭，就是绝好的画布，只要在上面添加极少量的特色设计，就能给穿搭加入时尚感。

想要驾驭鲜艳的颜色，可以在基础的黑灰白色、米杏色、海军蓝的色系上，挑一样鲜艳的单品来呈现穿搭的重点。

其实，穿法和搭配一样重要。有的人很喜欢穿衬衫，你知道吗？衬衫的穿法很重要，特别是用随意的态度去穿，更显时髦。比如塞衣角只塞前面或一半，卷起袖子露出手腕。另外，任何的Y型线条都显休闲和年轻，当你穿着一件基本款A字型纯色连衣裙时，可以把一件色彩有对比感的针织开衫系在肩头，这样就在线条和氛围上有了变化，使得细节完美改变效果。

搭配二
制造不同穿着层次，新鲜魔法术

想让每天着装保持新鲜，适度混搭是最好的方法。“混搭”是时尚界专用名词，混搭潮流自21世纪初时尚获得新生以来，将过去以年龄、身份、文化等框架内的既定搭配法打破，将不同的穿着元素重新组成，形成有冲突却协调的新系统。

用混搭拓宽穿着方式

现在混搭已从最初“标新立异”的代名词，变为常见的搭配方式，把不同风格、材质和颜色的单品依照个人趣味组合，就能形成个人化的风格。

混搭不是乱搭

常有人认为，混搭就是不要规规矩矩穿衣，实际上可没那么简单，混搭的关键词并不是随便，而是平衡，能够把相互平衡的单品从容地搭配在一起。廓形、色彩、图案、质地、配饰平衡意味着将两种不同特质的单品有意识地组合在一起，混搭的目标是让你的形象丰富且有变化，着装规范可以宽松一点，但绝不是随心所欲。

先做好风格设定

混搭看似漫不经心，实则出奇制胜。虽然是多种元素共存，但不代表乱搭一气。成功与否，关键在于是否确定好了“基调”。在挑选衣服的时候，只看具体单品容易纠结于细节，要先想好希望打造的风格，以此为主线，其他风格做点缀，分出轻重主次。

不管是配饰还是其他衣服，确定主体单品后，要保证全身所有单品的风格不超出这两个。比如想要柔美浪漫感与街头中性风格碰撞，可以在长纱裙外面披上皮衣，鞋子与其他配饰可以沿用中性风格，也可以用柔美风格，但此时身上就绝对不要再加入可爱风格的单品。

保持对立面

所谓对立面，就是在搭配时制造对

比效果，例如在碎花连衣裙外加一件直线条 oversize 外套，用男友风牛仔裤配丝质衬衫，甚至可以是在一身女性化长裙装束下，搭配男装腕表，穿上一双乐福鞋，戴上一顶平顶礼帽，这样更可以从中塑造出你的独特穿衣风格。

控制反差力度，达成不夸张的混搭

混搭的关键在于对比与变化，用来凸显对比的元素，是服装单品本身的风格属性，这样的对比很亮眼，是风格强烈的混搭。在色彩搭配上，人们常说的“撞色”也是一种混搭，因为有对比与冲突。如果没把握好“撞色”，其实使用全身同色，但材质变化明显的搭配，也是一种对比法，这种对比更显低调、安全，更需要细品，这是风格细微的混搭。

试试高段的图案混搭

保持色系一致，从头到脚穿上相同颜色的单品，能够在图案混搭时保持平衡，也可以把细小的规律图案当纯色处理，即小而清淡的经典重复性图案，比如极细的条纹或超级小方格，因其和谐度可视为纯色。控制主配角的比例时记得只有一种图案能成为这身行头的主角，另一种成为配角，如果想快速地把图案混搭变得柔和起来，用中性色或纯色衣服把差异比较大的图案隔得远一些，以提高视觉效果。

搭配三
利用内外层次，打造时髦感

时尚并不是穿着最酷的潮流、掌握复杂的造型技巧或穿着最昂贵的衣服，其实时尚很简单，只要为全身搭配增添一些层次感，就会看起来不一样。多层次穿法可以让造型提升好几个层次，只要超过两件的衣服叠穿，全身上下有层次变化，就会活力十足，时尚减龄。多层次穿搭法尤其适合天气偏凉的季节，借助“洋葱式”穿法，达到保暖与搭配的双重效果。

多层次穿法的基本原则

叠穿之后，造型会更丰富，也有了视觉趣味。多层次穿法也能很好地应对温差，热了脱下外层，里面的搭配仍是可圈可点。多层穿法切忌没有错落对比，如果只是一层层衣服往身上堆，就不会有时尚可言，选择不同的单品叠穿，或者穿着顺序不同，都会影响造型风格，领口、门襟、下摆和袖口处展现出来的叠穿效果会更加明显。

内薄外厚

多层次穿搭，从薄到厚是最好的顺序，材质薄的衣服在最内层，越往外层越厚，这样不但比较舒适也方便穿脱。比如，一件短皮衣外套，一件牛仔衬衫，一件素色 T 恤，三层穿搭，最自然的方式就是最内层穿较薄的

素色T恤，第二层是衬衫，最外层是皮衣。但如果内搭换成较薄的棉质衬衫和V领针织衫，顺序就调整为衬衫在内，针织衫在第二层。T恤很适合作为内搭基础层，材质薄且贴身。而中间层在冬季最多出现的是毛衣（针织衫）和卫衣。这两种单品都很实用，可以单独出现，多层次搭配也很适宜。

上宽下窄

多层次穿搭最大的失败，就是看起来显胖或太复杂，层层叠叠的穿衣方式确实会影响身形轮廓，因此建议保持着上宽下窄的原则。上身造型的层次感很丰富时，下身就可以简洁一些，"疏密"对比让造型也更得体，另外可以将裤管卷起，露出脚踝，能修饰整个人的比例。

长短参差

内搭衣物如果比外层长一点，就能在下摆处形成层次，但要控制好下摆长度，以此保持更好的视觉比例。比如说，在内层选择长版T恤衫或衬衫，外面穿上短版夹克，搭配窄裤，就好看有型，但冬季最外面穿上大衣时，大衣会更容易造型。

"多层次"的搭配灵感

印花的搭配

进行多层次穿搭时，建议只选择一件印花单品，其他用素色单品来搭配。将印花单品放在里面，外面搭一件素色单品，让印花微微露出，使其既成为穿搭中的亮点，又不喧宾夺主。

没有开衫解决不了的叠穿

开衫的层次感，归功于它兼顾实穿和叠穿，在天气冷暖不定时，随身带上一件开衫，无论穿在连衣裙、T恤还是衬衫外面，都能胜任。也可以把扣子全系起来，代替套头针织衫当内搭或中间层，还可以系在连衣裙或衬衫＋裙／裤的肩上或腰间，以塑造"半级"的层次。

搭配四

…· ❧ 熟练穿衣组合法则，轻松搞定你的美 ❧ ·…

你挑选合适的单品，了解自身的气质类型，最终都是为了穿得有风格，相信通过实践，你就会慢慢摸索出属于自己的穿衣法则。你穿衣的态度对穿衣组合很重要，可以让穿搭显得更有个性，即使某一天，你尝试了新风格，只要表现出“这就是我的衣服”的自信时，就能给人耳目一新的感觉。

基本穿搭完成后，就可以进行替换试验

比如，圆领白 T 恤 + 藏蓝色小西装 + 九分牛仔裤，一套大方得体的穿搭就完成了，这个成熟的搭配组合可以在匆忙的早上直接套用，再加入不同配饰，就能应对大多场合了。在这个万能但素净的组合上，还可以尝试替换某个单品，比如把白 T 恤换成海军纹或图案印花，看起来都有不同变化，但同时大轮廓不变，也可以用薄针织衫或衬衫代替 T 恤，用开衫、夹克代替小西装。

给基本款衣服搭配有个性的饰品也能带来不同的效果，只要搭配好首饰、帽子与丝巾，牛仔裤和白 T 恤这样最简单的服装也能变得很有吸引力，一定要在配饰上下功夫（本书下一个章节，我们会详细解说配饰的穿搭）。

为自己设计几套固定搭配的风格

有一套固定搭配的风格很有用，它能带给你信心，这样在一些非常忙碌的日子，你早上就不会为穿什么衣服而伤脑筋了。而且以一套固定搭配风格为基础，你仍可以利用单品或配饰不同扩展出新的搭配，有了这套搭配组合，就一直穿着它吧，也许它会成为你的标志。比如在雨天，你一定会穿灰色风衣搭配印花半裙；比如在衬衫外加一件 V 领背心，再穿上五分短裤，就可以连续几天沿用同样的穿搭模式，每天只要更换其中一个单品，再交替搭配不同的鞋子与耳环，人们就会觉得你的形象是有变化的，同时还保持了固有风格。

穿衣风格不是一成不变的

一个人不会一成不变，穿衣风格也会随着年龄调整，这并不是人们口中简单说的“什么年纪穿什么衣服”，而是要根据自己容貌、身形、喜好的变化,来调整适合自己的风格。比如二十岁时你可能不喜欢绒面的衣服，嫌它“老气”，但到了三十岁以后，你的环境、气质和风格有了变化，也许就能穿出这种材质的优雅感觉。如果还留着过去的观念，没有重新去观察、整理自己的风格，可能就会错过一些当下很适合你的服饰。

拒绝刻意感

除了要运用好简单的衣服，另一个重点是穿着的随意性，有品位的人最大的特点就是没有“刻意感”，换句话说，就是“人驾驭衣服而非衣服驾驭人”。就如很随意地将手边的衣服穿上，却收到意想不到的效果——这种搭配风格是最完美的，信手拈来，得心应手，切记要远离刻意感十足的搭配风格。

用行动提升穿搭技巧

平时多积累穿着的经验值，多去实体店试穿各种类型的单品，然后拍下照片记录，久而久之，就会慢慢找出适合自己的风格。即使一时不能完全搞清楚理论知识也没关系，如裙子的最佳长度、腰线的高度等，实际试穿后感觉好看的，就是对的衣服。把你觉得自己穿着特别合适的衣服都拍成照片，哪天早晨若因为不知道穿什么而抓狂时，这些照片很有帮助！

穿搭乐趣无穷，无论何时都该试试看

不要一成不变，学学用一件外套、一条短裙、一条连衣裙、一件衬衣和若干双鞋子设计尽可能多的造型。你很快就会发现自己的穿着方式变丰富了。不要为自己设限，在熟悉的服饰店，可以试着看一看男装区，也许会找到意外合适的单品，一身女性化元素穿搭中，加入一点中性元素或男款单品，就会增加活力感，起到减龄效果。总之，打破框架去试试，就可能会有惊喜！

塑形学问是你最重要的美学课程

你是否曾经想过，为什么同一件衣服穿在不同人的身上却呈现出完全不同的感觉呢？除了整体的个人气质、风格，身形也是影响穿搭效果的关键！

选错衣服，常常是因为不了解自己的身材。相反地，若能精准掌握身材的优缺点，几件适合的单品就能穿出个人风格。适当且巧妙的衣着搭配并不能让你忽然长高，也不能让你瞬间减掉 5 公斤，但它能用服装的结构与线条营造出更好的视觉效果，让你看起来身形更挺拔、更美，穿搭应该是让你愉悦、美丽的事，不要把自己困在“身材”的牢笼里。

课程一
身材轮廓线条打造黄金比例

在日常生活中，我们总习惯用“胖、瘦”来评价身材，但人的身材其实有很多维度和衡量标准，从不同维度和不同角度都可以衍生出对于身材的不同解读，而不只是胖瘦那么简单。

很多人都说自己的体型不好看，但请记得人们看到的，正是你进行过穿搭后的轮廓，因此，服装轮廓才是形象的关键。人的身体无论胖瘦、高矮、完美不完美，都只是“几何图形”，只要能把塑造整体身形变成一道简单的穿搭题，我们要做的，就是不再纠结“身材好不好”，而是坦然接纳自己的身体形态，依照身上的“几何图形”，找出需要修饰的部位，创造自己的轮廓线。

轮廓才是形象关键

若想给人留下身姿优美的印象，全身的轮廓线条是关键，只要按照自己的身形特点有针对性地打造轮廓感，每个人都能找到最适合自己的穿着方式。穿搭的首要原则是“保持平衡”，因为平衡制造出的协调感在穿搭造型中是最基本的，可以展现穿着的舒适度，这并不复杂，更没有标准公式，只需要多加实践即可。

用比例塑造平衡

不知道你有没有这样的烦恼，腿粗、屁股大、手臂粗……总之，对自己的身材不满意，其实你所在乎的缺点放在整个身材轮廓中，并没有想象的那么夸张，也不是问题的焦点。比起身体的具体围度，比例才是更重要的，在穿衣时你更应该关注的是让自己的身材比例变好，真正该在意与修饰的点是什么？每个人身体曲线都不尽相同，我们的身形包括了骨架特征、身体线条和肌肉分布，这三个部分会决定你适合的衣服领口大小、衣服材质及需要修饰的地方。

让身材看起来更有“紧实感”

无须计较体重数字，身形看起来匀称流畅才是最重要的，只要用服装搭配好比例，就能让身形显得更匀称。如果你的身材偏胖，尽量选择硬挺、厚实的面料来修饰，软细的面料会让原本“松软”的身材更显胖。要多穿有挺括感的衬衫、西装外套或马甲，可以让身形更显挺拔。

制造纤细的身形

衣服正面的切割线尽量用斜线或竖线去调整，横向线条易显胖。不要把胸部挤得太高，不要驼背凸肚，这些都容易显得身形厚。想象有一条线从胸口把身体向上拉直，肩膀放松，这样可以端正体态拉长肌肉线条，视觉效果更显年轻。

扬长避短

没有人是完美的，了解自己的身材条件，符合比例的部分通常能归为优点，好好展现它，不符合比例的部分也不要气馁，可以靠穿搭来修饰。一般人总会急于修饰缺点，反而可能牺牲掉了优点，要带着展示优点的心态来穿衣，比如一般人都会选择把自觉胖或围度大的部分修饰显小，常见的是修饰过大的臀围。但如果围度大的部分线条很好，也可以选择把围度小的部分增加分量，达到平衡效果。

课程二
修饰不同身材需要不同穿法

每个人的体型或多或少都有些小缺憾，但只要正确了解自己的体型，并懂得通过衣着取长补短，就有办法穿得好看、穿得时尚。我们所说的身材跟胖瘦并没有绝对的关系，而是整体的视觉比例。知道自己的身材分类后，可以运用“重组身材”“分塑身材”“视觉转移”这样几个原理，来调整身材。

如何确定身材

对镜观察时，要与全身镜保持 1 米距离，集中精力观察身体形态。想象自己的上半身是一个整体，腰部曲线是一个部分，臀部是一个部分，然后进行目测观察对比。测量肩宽时，要从左肩顶端量到右肩顶端，确定好肩宽尺寸。测量胸围时，要从胸部最丰满的位置测量，不过分放松，也不要紧压胸部。测量腰围时，则要找到腰围最细的地方测量，通常在肚脐上方一点的位置。测量臀围时，双脚并拢、站直，绕臀部最丰满的地方一圈。

体型分类

体型分类的方法有好几种，但没关系，总原理是一致的。按最常见的

分法，可以把女性体型按肩宽、腰围、臀围、胸围等比例，大体分为H、A、Y、X、O五种体型。

H型（水桶型）

肩、腰、臀的宽度大致相同，上下身比较匀称，身形笔直、较为骨感。按骨架大小其实还可以细分为胖H与瘦H，瘦H更纤细，如大部分时装模特，胖 H 则有大骨架的感觉。共同点是，即使很瘦，但仍缺乏腰部曲线。

整体上 H 型适合有适度宽松感的服装，也适合多层搭配。要突出优点，可露出纤细的四肢，或用利落流畅的线条展现骨感，同时需要注意塑造腰线，避免完全直上直下的服装。但对于 H 型来说，塑造腰线不代表束紧腰部，而要想办法自然制造腰线，比如选择高腰裤、收腰设计的连身裙修饰身形，也可穿着几何曲线样式或在腰部有深色块的服装，利用错觉塑造出腰部收细的假象。最好不要选择太薄或贴身的服装，可以借助项链、耳环、围巾等饰品，将视线集中在线条较好的颈肩部位。

A 型（梨型）

这种体型最大特点是上窄下宽，上半身瘦小、肩窄、腰细，但臀线又低又圆，大腿圆润有肉。相对来说腿比较短，使得下半身显得较沉重。

A 型的人要将焦点往上半身移，要突出身上最瘦的部位，以及优势点腰部。一般情况下，要选择修身上衣，而下装要有余量，可以选择色彩较亮眼或有设计感的上衣来吸引注意力，通过上浅下深的方式达到增宽肩部，收缩臀部的视觉效果。下半身选择合身单品，不能复杂和花哨，否则会增加重量感，更要避免紧身下装。一般来说裙装比裤装效果好，厚度适当的 A 型裙或喇叭裙、伞裙能突出腰细的优点，并修饰臀部大腿线条，连衣裙也要选 A 字型。选择裤子时，线条硬朗且款式简单的样式比贴身式更好。

Y 型（草莓型）

上宽下窄的体型，肩宽，胯部相对较窄，臀部线条不明显，腿相对细长。很多运动员是 Y 型身材，这种身材显得健美，但因上半身量感较大，可能给人“壮”的印象。

对 Y 型的人来说，选择复杂的上衣会加强沉重感，因此上衣要选择自然下垂的简单设计，通过一些纵向线条缩减肩部宽度。如果胸部比较丰满，要避免胸线处有平行褶皱之类的宽松设计，避免小圆领、带荷叶边的上衣。下装最好选择色彩明亮或者设计感强的单品来吸引注意力，一定要突出自己的双腿，可以选择短裙或者修身裤。

X 型（沙漏型）

外部轮廓曲线较明显，腰细且有丰满上围，胸围最宽处和臀围视觉上等宽。这种体型是典型女性化身材，整体上看身材较匀称，但细腰可能显得胸部和臀部比实际大。

X 型曲线感最强，纤细的腰是最大的优点，要尽量展现出腰部线条，同时选择贴合身体的衣服，以展现曲线。因为上围丰满，上衣特别需要露出一点肌肤，特别是脖子、锁骨、手臂。肤色也是视觉上的色块，只有打破上衣的整体色块，整个人才会看起来轻盈。避免材质过厚、全身都宽松的衣服，如果衣服没有收腰效果，再隐藏起臀围，就会显得笨重。哪怕总体上不瘦，只要能突出腰部线条，也会在视觉上显得比例更好。

O 型（苹果型）

我们常说的 O 型身材，脂肪集中分布在腰臀部位，胸部丰满，腰、腹、臀有肉，四肢通常较细。与 H 型比起来，同样的是“没腰”，感觉更“有肉”。

因给人身体圆润的感觉，要掌握“挺括”与“合身”两大原则，挺括材质的上衣不易随身体曲线变形，能撑出一定的线条达到修饰效果。

过于宽松或过于紧身的衣服都会让 O 型的上身看起来膨胀，不如合身款式显瘦。O 型的人常倾向于穿宽大的衣服，这种做法是错误的。穿着合身、线条明朗的衣服，你才会看起来更瘦、更有精神。如果喜欢飘逸的感觉，可以在里面穿着较贴身的衣服，外穿一件飘逸的外套。

课程三
掌握显高显瘦的原理很重要

一项非正式的调查显示，有 10% 的女性觉得自己太瘦，20% 的女性认为自己的身材适中，70% 的女性觉得自己胖。你也活在自认肥胖的阴影里吗？大多情况下，即使掌握了适合自己身形的轮廓搭配法，难免仍然希望在此基础之上显得纤细一些，或者改善局部在意的小问题。有一些关于穿搭的小妙招，让你这样穿，看起来更显瘦！

视错觉修身法

利用衣服带来的视错觉效应，不需要减肥，就能在视觉上减轻 3 公斤，穿衣显瘦的终极理论就是维护纵向线条的完整性、避免横向膨胀。人的视线会不自觉地随着线条移动，看见垂直线条时，视线会随着它上下移动，制造高度；看见水平线条时，视线会随着它左右移动，制造宽度，而视线上下移动又会比左右移动更快速和顺畅。因此，想看起来又高又瘦，就要制造能让视线快速上下移动的垂直轨迹。

在服装的表现上，整排纽扣或垂直缝线，都有这样的效果；领带、长项链与长丝巾等饰品也有异曲同工之妙。如果把裤管、衣袖熨烫出挺直的中线，腿部及手臂线条也会显得细长又苗条。

避免视觉膨胀的面料

具有光泽感的衣料虽美，但会因光线折射而产生膨胀感，同时人的视线也容易被发亮质感吸引，所以，像金光棉面料不可放在你希望显瘦的部位；相反，要小面积地使用在你希望吸引视线的地方，比如丝质的吊带内搭在无光泽感的外套之内露出一点点，或者将小丝巾系头上或用来绑马尾，就能拥有意外的华丽感。

有厚重感的面料会比精细纹理的面料更有蓬松感，质地太软会紧贴着身体，让所有线条无所遁形；质地太硬又会增强体积感，也会将原本不胖的地方“撑胖”，这些都是需要留意的地方。

更显瘦的花色

素色服装是显高显瘦的最佳选择。

若要穿有花纹的衣服，可选择色彩对比不强的图案，这样会接近素面的效果，另外，图案分布密度越高，越有融为一体的感觉，远看仍有素面效果。

当你选择色彩对比强烈的粗线条、大几何方块图案或格子时，如果是紧身剪裁，就很容易随着身体的曲线造成图案变形，直线轮廓若被扭曲，就会让人觉得胖！所以，服装图案要细密、小且有弧度为佳，如英国知名的利伯提艺术印花，推出的很多款细密又不俗的印花布料，就是比较理想的显瘦花色。

上衣一定注意肩线

肩线是袖子和衣服主体交接的车缝，一般应对准肩峰的地方，刚好被肩膀微微撑住，肩线合适的时候，衣服就感觉合身。一般我们看人时总以脸为中心，所以肩膀成为重要视觉落点，大部分正式服装对肩线合适的要求比较高。如果你希望给人精致感，从肩线合适开始是很重要的，肩线也能修饰身材，通过微调肩线位置，可以带来视错觉，达到修饰效果。比如希望肩看起来窄一点，可以把肩线往内微缩些，肩窄的人则可以把肩线外扩些或使用垫肩来修饰。总而言之，肩线如果不是因为设计上的特殊效果，就应该在对的位置。

不过，并非所有款型的衣服都有肩线，也有不少衣服的设计就是落肩，根本找不到肩线，这类衣服通常流行感和休闲感较强，总的来说比较适合

日常休闲场合。

不同季节的显瘦小秘密

春夏装的款式轻、薄、短、小，务必保持整体线条的清爽。请将内衣裤视为整体造型的重要部分，穿着舒适的内衣，视觉效果会更紧致。在较薄透的衣裙里加一件丝质吊带或衬裙打底，能巧妙遮盖肉肉的腰、腹、臀、腿，美化整体线条。

秋冬季质感平滑的衣料是塑身良伴，一些具“饱和感”的材质，如绞花粗线毛衣，虽自有风格，但确实看起来比较显胖。若确实想穿，避开较胖的部位，同时用质感平滑的衣料做搭配。冬天穿厚长袜时，除非小腿非常纤细，并且是需要下装抢眼的 Y 型身材，否则请选择质感平顺、与鞋子、裙子同色的长袜，最能产生“瘦高”印象。

课程四

不靠体型靠造型的穿搭法则

觉得自己不是“最佳”体型，就不能把衣服穿得漂亮？

很多人总认为自己的体型不够“标准”，其实很难遇到所谓理想体型或标准体型，美的标准并非固定不变。文化和时代环境的不同，“好身材”的概念也会发生变化，掌握一些穿搭规则能修饰体型，想表达出属于最美的自己，不是瘦了就能解决问题，也并不需要瘦才能解决问题。穿衣打扮是为了美，而非瘦，衣着代表着你的品位、性格、气质，在修饰体型的同时，也要追求更高层面的穿搭。

选择合身的衣服

不合身的衣服不能凸显优势，只有合身的衣服才能传达出你对自己的身材很有自信。有的时候，过于宽松的衣服会让人感觉到你在隐藏真实身材，而太窄小的衣服不仅显胖而且有局促感。

要养成不断变化的“尺寸感”

恰到好处的尺寸感，是一大穿搭原则。喜欢宽松衣服的人很多，其中

的原因多半是遮掩身材的缺点，但这样穿也会显胖，因为服装的尺码变大，整个人的轮廓看起来也会变大。无需因为体型放弃穿搭乐趣，每种身形都有很多不同的选择，不管是瘦小、丰满，还是梨形身材，任何人都可以找到适合自己、看起来自然清爽的款式与尺寸，只要感觉符合身体曲线又自然好看的衣服，就是适合自己的尺寸。你选择衣服时常会把注意力放在色彩与款式上，但实际上，衣服穿起来要好看，最基本的条件是“适合你的版型”，重要性更胜过材质、颜色、花样。

整体流畅，避免“卡顿”

从肩膀往下看，穿在身上的衣服只要线条顺畅，就是最适合你的衣服。要注意，不能让衣服在哪个部位“卡住”，即某些部位有紧绷感，或者线条发生了突兀的改变。通常“卡住”的地方多是比较丰满的部位，比如胸部、臀部或大腿、小腹。如果某件衣服穿上总会卡住身体某部位，这不是身材的错，这是选错衣服了，衣服和身体的关系，应该是合身而非紧身，合身的衣服与身体之间始终保持空气的流动。但也不要因此干脆宽松，盖住所有曲线，衣服无论是“卡住”还是不显身形，都会失去修饰的功能。

身姿比身材更重要

没有人的身材是完美的，或许目前的你，就已够美好。其实，某种程度上，与身材相比，身体姿态带给穿搭效果的影响更大，站立和走路的姿势也会影响到穿搭的效果。观察一下街上那些很会打扮的人，你会发现这些人穿着之所以好看，不仅是衣服搭配得好，而且身姿更重要。无论穿了多好的衣服，如果走路时不能舒展大方，就无法展现出穿搭效果。反之，即便是个子不高，只要把背部挺直，轻快地走路，依然能打造出明快的形象，使穿搭效果更明显。

不要一味抱怨自己的身材，而要有意识地保持正确的身姿，时刻保持挺拔的身姿，从侧面和背面看，背部都不要弯曲。走路时要稳住核心（腰腹、胯部），用臀肌的力量带动大腿迈步，以此保证走路的舒展，如此一来，穿搭效果便会获得很大的提升。

服装最实用的经典风格：大气风、甜美风、活力风和帅气风

可可·香奈儿曾经说过：“时尚终将过去，只有风格永存。”服装流派纷繁众多，你可能会被各种层出不穷的风格名称搞得有点混乱，但无论时下的流行点在哪里，日常生活中最常见的服装风格，归结起来，都可以概括为四个主要风格，即简约、典雅气质的大气风；柔和、女性化特质的甜美风；年轻、随意感的活力风；个性、新潮的帅气风。

走在街上，让人印象深刻的往往不是最美最时髦的人，而是让人觉得穿搭特别有品位的那类人。“品位好”的人穿出来的不仅是青春和美丽，更是知性和优雅，即使上了年纪，也能穿出自信。

大气风的关键是简约

“真正有品位的人”应该是着装简单，但仍让人感觉到时尚的人。你看到她时，不会去想她身上有哪些“设计”，也不会去想她的衣服是不是名牌，只觉得舒适、好看、大气，这是真正的时尚功力。能把简单的服装搭配出时尚感的人，身上自然会显露出知性美，这种大气的品位该如何养成？答案就是尽可能简约地搭配服饰。

大气风的构成

大气风是所有搭配中最有高级感，也是接受程度最高的，它的关键是避开醒目花哨的颜色和设计，给人干净整洁的印象。大气风格的分支大体包括典雅风格、极简风格、中性休闲风格。

典雅风格甚少受当下流行影响，以能穿多年的经典款单品为基础，无论男女都能穿出优雅感。极简风自从 90 年代诞生后，就一直被一部分人追捧，极简追求的是“极致的简约”，并且要用单品的质感和色彩的搭配创造时髦感。穿在身上的单品越少越好，法国著名传记作家安德烈·莫鲁瓦说过一句话，常常被人引用：“最朴素的往往是最华丽的，最简单的往往最时髦，素装淡抹常常胜过浓妆艳服。”这就是极简主义的注脚。

大气风穿搭的重点

常有人误以为简约就是随意套上素色衣裤，但这样跟随便穿并没什么差别，“简约穿搭”的核心概念还是穿搭，要掌握设计搭配性强，色彩兼

容性高的单品，用它们去做搭配日常衣着。极简风单品基本上是相对低调的纯色，只有用好的剪裁打造出适合个人的廓形和比例，才能穿出得体高级的感觉。一件白衬衣，肩线位置、领子形状、袖子的宽松程度、下摆的长短，不经意的褶皱处理，都将影响整体观感。

走大气简约风的穿搭，是想脱离选择障碍，这种时候你尽量让身上的配饰、色系越少越好，一身宽松的经典搭配方式，是指衣物与自己身体的距离在 3 ～ 5 厘米之间。微胖、小个子女性则可以通过"一松一紧"来演绎极简风，虽然全身上下的单品很少，但如何把单品搭配得很有风格，则可通过配饰提升精致度。线条虽简单，但造型中必须有高质感乃至昂贵的单品来衬托，面料的好坏决定高级度，越简洁的单品，材质越突出。

甜美风的关键是浪漫

甜美风的基本形象，是体现女性的柔和与色彩感，整体形象以曲线为主，主要表现出圆润的肩线、纤细的腰部、丰满的胸部等身体曲线，不仅突出性感，同时还有柔和、优美、朦胧的感觉。单品的造型大多精致，细节多，色彩变化感强，面料多为柔软、触感细腻，时常会有镂空材质的加入，常会出现刺绣、褶边、荷叶边等细节装饰来凸显女性美。

甜美风的构成

甜美风是所有穿着风格中最具女性特征的，具体来说，可以是成熟女性的美，如优雅风格，兼具时尚感较成熟的外观，做工精细，衣装合体，讲究廓形曲线，垂感好，分割线以规则的公主线、省道线、腰节线为主。少女系，追求"很有女孩感的"、女孩特有的特权单品，比如褶边、印花、丝带等，就是要让人联想到"温柔的女孩子"，但不会使用过于低龄感的元素。

甜美风还有一些个性更强烈的分支，比如曾一度流行过的"森女风"，

也属于这个大流派，虽然并不突出身体曲线，但森女风强调柔和明亮的色彩感。现代的“森女风”已转变为甜美＋清新的自然感造型，给人以轻松惬意的感觉。

甜美风穿搭的重点

女性化风格的主力单品，就是裙装，与半裙相比，连衣裙更为典型。裙装材质更柔软，下摆更飘逸，线条更流畅，比如纯色鱼尾裙就是比较柔美的单品。如果进行裤装搭配，则需裤装的面料要柔软且有流动感，这种线条近于长裙的阔腿裤，要搭配华丽感较强的腰带，使裤装造型更有温柔感。

甜美风穿搭离不开配饰，可以适当搭配吊灯式耳环、小款手提包以及有亮点的鞋子，不过整体穿搭时，需要注意避免过于甜美。穿搭时，要注意繁简得当，切忌女性化细节过多，这会显得过于成熟，缺少时尚感。因此，在进行甜美风穿搭的时候，最好能穿插一些中性元素。

活力风的关键是自然

谁不想自己看起来更年轻、更有活力呢？所以着装的减龄感，是大多数女人想要追求的穿衣效果。特别是在日常休闲装扮方面，如果说职场或正式场合中，专业性和优雅美丽的要求大过于年轻化，那么在日常穿搭中，能够减龄的着装搭配一定是加分的。

活力风的构成

休闲风格大概是最不需要动脑筋的风格。因为可以用的单品实在太多了，几乎适合一切非正式场合，最有代表性的单品就是牛仔裤、短裤以及运动鞋。把不太正式的单品组合在一起，只要配色对了就不会有问题。

运动和休闲总是紧密相连，只要把任何单品跟运动风格混搭，就可以穿出轻盈和休闲的味道。运动风突出的功能性是青春感，穿着舒适，与甜美风相反，会模糊女性化界限。比如卫衣、连帽衫、T 恤、牛仔夹克等单品也是不错的选择，整体的风格都偏于休闲，偏成熟的人穿休闲风格时，只需要控制单品尺寸，或者加入一些有型的皮革元素即可。

活力风，减龄穿搭的钥匙

衣服是人的第二层皮肤，所以只要穿搭效果呈现出紧实、年轻的状态，别人就会觉得你年轻。比如柔和、有清爽感的淡色系，也能让气色亮起来，视觉上减龄。浅色系的衣服自带清新感，年轻化且不幼稚。如果要想在视觉上柔和明丽而不刺目，衣服的质感就显得至关重要，只有选择看上去舒适细腻的面料，才能有事半功倍的效果。如果想要快速提升年轻减龄感的方法，那就是在穿搭造型中注入夸张、饱和度过高的鲜艳色，有提气醒神，吸睛的效果。不过一定要小面积使用鲜艳色，更推荐把它们放在配饰中。

帅气风的关键是利落

帅气是一种风格，也是一种穿搭态度。它并不是男人的专属，女人酷起来也很干净利落。特别是近几年，帅气风受到很多时尚女性的追捧。明星潮人纷纷登场，时尚杀伤力真的非常强。无论是裤装还是裙装，只要选对款式和配饰，利落感就会迎面而来。

提到帅气，人们就会想到短发、皮衣或是金属配饰，到现在为止这些依然还是帅气风的主流元素。但除了这些，像西装领、铆钉元素、马丁靴、棒球帽等是帅气风的时尚利器。与活力风各种小清新不同的是，帅气风更侧重于酷和洒脱的感觉，大多都以黑白灰为主，整体给人的感觉是硬朗有型，简约利落，充满了力量感。

帅气风的构成

帅气风的穿搭相较于以上三种风格，更加考验一个人的穿搭功力。它自带中性风的帅气，但又能巧妙地融入女性元素，给人一种又酷又甜的双重感觉。比如碎花裙单穿是甜美可爱，可一旦与马丁靴、短款皮衣搭配在一起，就是又美又飒，帅气十足。还有工装裤、oversize 的 T 恤、棒球服、棒球帽等都是帅气风不可缺少的单品，街头风、叠穿或金属配饰对于帅气风也十分实用，都能很简单地为造型增添层次感和时髦度。

在帅气风的构成中，不得不提的就是皮衣，是帅气风的必备单品。特别是黑色皮衣，搭配黑色 T 恤、黑色裤子，一身的全黑造型抢眼又帅气，配饰上选择鲜艳的颜色作为点缀，瞬间就能提升整体时尚感。

帅气风，干练利落很有“范儿”

如果把女人比作花园里的鲜花，那么女人就应该是各种各样，穿搭风格也是不尽相同。本来人的相貌就各不相同，再搭配上不同款式和风格的服装，呈现出来的时尚魅力也非比寻常。而帅气风的穿搭不是标新立异，它是对时尚的追求，是个人穿搭态度的体现。新潮有型的帅气穿搭，同样让女人绽放出独特又养眼的时尚魅力。

打造形象从“智慧衣橱”开始

你拥有的衣服越多，你就越难搭配造型。假如你衣橱里有 200 套衣服，但平常经常穿的也就 20 套，搭配效率非常低；也许到现在你都不知道衣橱里还缺什么衣服，经常感觉自己没衣服穿。这虽然很讽刺，但却是事实，衣服从来不是越多越好，懂得穿衣搭配的技巧才是关键。

拥有整理杂乱衣橱的能力，就等同于拥有搭配个人风格的能力，只要了解自己拥有哪些衣服，就能在上班前的几分钟里不再手忙脚乱。

管理衣橱前，需要构思

在管理衣橱之前，要先思考一下自己想要一个什么样的衣橱，一个智慧的衣橱首先要满足以下特点：

第一，品类要齐全；

第二，配比要科学；

第三，场合要分明；

第四，与个人的和谐度要高。

现在，你可以根据对自己的了解，来为衣橱确定一种分类方式了。总之，如果你的衣橱目前处于杂乱状态，或者你需要把它重新整理组合，首先要做的事情，就是把所有衣服都拿出来摆在面前，这让你知道自己现在拥有多少衣服，它们中间有哪些是你真正在穿的？哪些是重复的款式？哪些是已经被你遗忘的？哪些是不会再穿的？摊开来观察，可以了解自己的衣橱里缺少什么，又有哪些衣服过量了，如果不这样好好观察一下，你可能永远也意识不到自己有 20 件 T 恤衫，冬天的毛衣却只有两件。

先把这些衣服从衣橱里清掉

凡是不合身的衣物，无论是因为腰部过紧让你很少穿它的牛仔裤，还是肩宽过大、空荡荡的外套，或紧绷在身上或太松垮的衣服都不必留。

此外，有破损、洗不掉污渍、摩擦痕迹太明显、起球且无法处理好的毛衣、磨坏鞋跟的鞋子都不要留了，穿着它们外出会让你局促不安，也会影响形象。同时与个人定位不符合的衣服，即与个人的用色、风格、体型不匹配的，如果你搞不清楚自己到底适合什么样的服装款式，那不妨请专业人士为你找到专属自己的服装定位。

请记住你因为觉得太便宜而买回来，只是能穿而没优点的衣服，或者是你已经舍弃的风格与偏好的衣服，不要幻想自己以后还会再穿它们了，请把衣橱空间留给更值得的单品。

留在衣橱里的都是优秀单品代表

你的衣橱里留下来的，应该是经过考验、适合你的基本款，穿几年不会过时且能与当下流行的单品搭配。选购服饰其实有个规律，就是你购买它时花的时间精力越多，搭配时花的精力就越少，所以，留在你衣橱里的单品，应该是精挑细选出来的，不一定非得花大价钱，但要保证版型与品质。

衣橱最合理的匹配比例应该是 30% ~ 40% 的基本款、60% ~ 70% 时尚款，之所以你的同事和朋友经常说你保守或不时尚，核心原因就是衣橱时尚款太少。下面列出基本款与时尚款的区分，以及几款便于搭配的服装供你参考。

基本款	VS	时尚款
无彩色 / 中性色 / 弱对比	色彩	鲜艳色 / 强对比
合体 / 对称	款式	不合体 / 不对称
平滑 / 弱光泽	面料	多肌理 / 强光泽
简单 / 少装饰	装饰	复杂 / 多装饰
识别度低	识别度	识别度高
不流行 / 不过时	流行度	易流行 / 易过时

纯色羊绒套头衫，可以适应各种环境场合。透气、轻暖，能贴身穿也可穿在衬衫外面；既可搭配优雅半裙，也能搭配牛仔裤；既能在工作日穿出精致感，也可以在休息日穿出舒适感。优先选择中性色 V 领款或船型领之类的领型，颜色鲜艳较好。

衬衫穿法多样，谁也缺不了它。很多人会把棉质或亚麻衬衫列入基本款，在这之后，也挑选一件真丝衬衫吧，这能提升上衣整体精致度。

T 恤的作用接近衬衫，只是更随意，每季更换 T 恤也会给你带来新鲜感。T 恤看似简单，版型也不少，圆领、V 领、船型领，都能带来不同风格，可以稍微多备几件，纯色是必备色，鲜艳色或印花 T 恤是搭配色。

经典小黑裙，在任何场合都可以穿。衣橱里备一条，临时需要参加特别的活动时就不会惊慌失措。小黑裙款式要简单，可以是直筒型、A 字型、修身型，也可以是有飘逸感的，具体取决于你的体型、风格与喜好。

黑色之外的连衣裙，既可以是白色、红色，也可以是印花。选择与你的小黑裙风格略有差异的裙子，可以夏季单穿，也可以在较冷时搭配外套。

质量足够好的合身黑裤子，哪怕只有一条，衣橱也会运转得很好。黑裤子比牛仔裤适应度更广，几乎可以穿到任何场合。选到合身黑裤子比买到好看上衣更困难，一定要试穿，如果尺寸不合适，就要当机立断去修改，稍微露出脚踝的九分裤，对于修饰身材最有帮助。

想找到最适合自己的牛仔裤，就要尽可能试穿不同品牌、不同版型的牛仔裤。也许要试穿二十几条才会找到最合适的那一条，但这也是了解自己身材与适合版型的好方法。

开衫在任何场合都可以穿，品质好的羊毛开衫，几乎可以搭配任何内搭上衣或下装，以及连衣裙。

小西装是改变服装风格的必备单品。好的小西服能够塑造肩线，让你看起来更纤瘦、更精神。不必太板正但一定要合身，黑色、灰色或深蓝色比较易搭配且尽显质感。

羽绒服是保暖利器，但秋冬季你总得拥有一件大衣。大衣是值得花钱投资的单品，经典的款式与好材质的大衣可以陪伴你很多年。

第五章

隐含在服饰细节中的魅力

时装大师伊夫·圣罗兰说："配饰的重要性再强调也不过分。"确实，没有配饰的时尚是不完整的，很多穿衣风格有问题或遇到瓶颈的人，通常就是忽略了配饰这一项内容。配饰是让你的衣服变得出众，是让整套衣服看起来"属于你风格"的秘密武器，在配饰上花费时间是值得的。

配饰的选择几乎无穷无尽，你刚开始学习搭配与收集配饰时，先从少量符合自己目前风格的配饰开始。得心应手之后，再慢慢扩展范围，尝试更大胆或与平时风格差异较大的配饰。因为配饰的存在，时尚变换出更多的可能性，增添了充满个性的点睛之笔。因为穿戴首饰、腰带、丝巾等配饰，可以让朴素的衣服变得美丽非凡。

鞋子：足以点亮整体搭配

玛丽莲·梦露曾说："给姑娘们一双好鞋，她们能征服世界！"鞋子是最实用的配饰。鞋子保护着你的双脚，让你在世界上行走，带你去想去的地方。但鞋子的功劳还不止于此，鞋子也是快速提升全身造型最简单的方法之一。但同样地，整体造型最容易出差错的部分——也是你脚下那双鞋子。

有句老话说，可以从一个人的鞋子看出很多东西。虽然鞋子离我们的脸最远，但是它们的确经常受到人们的关注，因为通过观察鞋子，你可以快速获得丰富的社交信息。可以说，一个人是否擅长打扮，重要的观察点就在鞋上。在鞋子上用心的人，很容易给人留下好印象，但如果鞋子不合适，也很容易看出来。因此，与数量相比，你更要注重鞋子的质量，精心选择每双鞋子，搭配起来给形象增光。选鞋的通用准则：只要穿上后走路轻盈不笨重，就能产生高挑的视觉效果。

尖头？圆头？个人风格决定鞋头形状

一般而言，鞋头越尖，你看起来就越干练、越精致，同时也越尖锐；而鞋头越圆，感觉就越柔和；方头鞋子则有偏帅气、中性的感觉，适合个性潇洒的女性。你可以依据自己的个人风格、个性或想传递出的感觉，来决定要选择哪一类鞋头的鞋。

鞋面高？鞋面低？看脚踝

决定鞋头形状之后，鞋面高低也是重要考虑因素。有时你莫名觉得某双鞋感觉笨拙，或者让腿看起来变短粗了，可能就是鞋面高度不适合你，理想的鞋面高度与脚踝到小腿的线条有关。一般鞋面较高的鞋，需要小腿修长、脚踝曲线明显，这样穿起来才会好看，如果你的脚踝曲线不明显，挑选鞋面低（感觉较扁平）的鞋子会更适合。

鞋跟的最佳高度：黄金比例 0.618 的奥秘

高跟鞋在人们心中的地位有点“神化”，然而鞋跟高度却不是越高越好。穿高跟鞋能拉长腿部线条，但不能一味追求修长，鞋跟过高不仅影响舒适度，在视觉上也可能显得上半身过短。一般来说鞋跟不必超过 7 厘米，

5 厘米左右是多数人认为好穿的高度。此外，鞋跟粗细也要和腿部协调，若腿较粗，穿超粗跟或超细高跟的鞋子都会显得腿更壮。

比高跟鞋更多的选择

很长一段时间，高跟鞋被认为是女性在职场或正式场合的标配。但如今，鞋跟具体高度并没有严格标准，鞋子呈现的风格才是关键，只要选择与搭配得当，低跟或平底鞋同样可以精致得体，也能适用于大多数场合。低跟鞋或平底鞋是否适合在正式场合代替高跟鞋，关键在于鞋子本身的精致度，最好选择漆皮或光滑平整的皮革。如果参加高级派对，有精致点缀的鞋子看起来更正式。注意鞋跟可以低甚至平，但不要穿厚底鞋，它不够正式。

一种有纤细感的中低跟鞋，通常有着 3 ~ 5 厘米的细跟。它诞生于 20 世纪 50 年代，当时是少女的高跟“起步鞋”，其除了比高跟鞋舒适、走路轻快外，风格也相对低调轻盈。

奥赛鞋传说是以 19 世纪一位法国贵族的名字命名的，他改良了穿着不舒适的高跟鞋。这种鞋款的设计是鞋侧面空出一块，让脚侧与足弓露在外面，介于皮鞋与凉鞋之间，又不露脚趾，可以在办公室穿着。侧面裸露让脚显得秀气，虽是平底也有精致感同时能拉长比例。

皮质芭蕾鞋几乎是法国女性的必备单品，它的设计灵感来自芭蕾舞鞋，碧姬·芭铎和奥黛丽·赫本让它成为经典。比起高跟鞋，芭蕾鞋不仅舒适也足够优雅，更多了柔和的美感。西班牙王后也会用芭蕾鞋搭配优雅套装出现在电视画面上。穿芭蕾鞋时，露出脚踝很重要，只要露得聪明利落就能让造型更时髦。

吸烟鞋最初是欧美上流社会人士的室内鞋，鞋面是丝绒，鞋底是皮革。如今，不管搭配什么服装，天鹅绒吸烟鞋都可以给你的着装增添一种浓郁的奢华感，是高跟鞋的完美替代品。

想让脚看起来秀气，选这两种鞋

如果你想让脚看起来更纤细小巧一点，有个实用诀窍：穿双色拼接鞋，

脚会显得更小，这是视觉分割带来的效果。最典型的例子就是香奈儿的经典双色鞋，鞋身为浅香槟色，鞋头为黑色。据说因为香奈儿女士本人脚比较长，就将视觉分割技法用在鞋子上，创造出了这款时尚史上知名的双色鞋。除了双色拼接鞋，选择鞋面上有少许装饰的鞋子，例如蝴蝶结、金属镶嵌等设计，都会比完全无装饰的鞋子更有缩小效果。

穿对运动鞋，造型不纠结

随着正装和休闲装的界限越来越模糊，运动鞋的配适度更高了，早已超越“运动”本身成为更时尚的选择。运动鞋搭配较正式的服装听起来不合常规，其实关键在于选择运动鞋不能随便拿来，而要经过仔细选择。要用运动鞋搭配裙子或休闲裤，就必须挑选造型比较精致的鞋子。一个简单的规则是，鞋底越薄，运动鞋越精致。所以，想选一双能够适用于大多风格服装的运动鞋，就要选鞋型较扁平、极简设计的纯色运动鞋。

同一套衣服，搭配不同鞋子效果大不同

造型风格相差不大的基本搭配，换上不同的鞋子感觉就会不一样。换季时多数人不可能把衣服全部换掉，但是可以尝试通过换双新鞋来改变现有的衣服搭配风格。搭配鞋子的困扰，最常见的就是“看起来有很多鞋，其实风格都一样”。鞋子是很能表达个性的单品，试试走出“基本款”的舒适圈，多尝试不同风格的鞋子，以便拓宽个人穿搭风格的范围。

搭配鞋子的基本方法有两种：一是与服装风格一致；二是与服装风格相反。风格一致时有统一的效果，风格相反则有混搭的效果。

觉得造型不够脱俗的时候，可以试着选择和平时风格相反的鞋子，比如全身女性化的造型容易显得太过刻意，搭配一双风格中性的乐福鞋或布洛克皮鞋，就会有一种微妙的打破陈规的感觉。鞋子的色彩混搭需要循序渐进地练习，开始时，试着让鞋子颜色和耳环、手镯或者是印花裙上面积最小的颜色一样。不管面积多小，色调的简单重复都能让鞋子的选择合理化。

背包：可以扮演好不同“角色”

包包，可以说是女性又爱又恨，并且“永远少一个”的单品。包包被许多人视为第二张名片，仿佛在告诉所有看到它的人，你是一个怎么样的人，所以请一定要好好挑选适合自己的包包。

一个包包能否走遍天下？恐怕不太行。虽没必要收集许多包，但所有的场合都用同一个包也不可取——再贵、再经典的包也做不到。除了考虑场合，你每天出门拎的包包还要考虑实用、季节与服装的搭配。黑色方正手提包与轻盈的夏日衣裙格格不入，周末与朋友相聚时，还拿着一本正经的上班包，也感觉太拘谨。生活是多样化的，如果能把换包当作切换生活节奏的开关，不仅能让你的形象更鲜明有风格，生活也会更有质感。

一个好包的重要性

包包与鞋子一样，是能确定穿搭品质感的配饰，包的效果超出你的想象，无论身穿休闲装还是正装，加上风格协调、质地精良的包，就能提升整体的穿搭水准。要是选错了，就会带来糟糕的感觉。包不是每年需要换新的单品，所以预算可适当放宽一点，与其购买很多廉价花哨的包，不如购买一个利用率高、质地精良的更划算。此处一定要注意，选择优质的包，

与是不是大牌无关，而且也不推荐一眼就能看出品牌的奢侈品包。因为包与整体风格搭配和谐非常重要，因此必须在考虑整体平衡的前提下进行选择。简洁的设计更方便搭配任何服装，如果是商标过于明显的包反而会妨碍造型。

按场合分类，三种基本款包

想挑对包，最重要还不在于挑款式和设计，更不在品牌，而是要有正确的理念。要设想自己的实际生活场景，使自己在每种场合都能找到最适宜的基础包，让包成为整体形象的最佳配角。

职场包

通勤时用的包是每位职场人的重要配备，与其投资许多不同款式的包，不如选择一个经典大方、材质精良的万用包。通勤日常包主要与职场服饰搭配，最好以中性色为主。容量要确保能妥善装好你上班所有的必需品，且分层要合理，让你随时能从容地拿取东西。通勤以拎包、提包、单肩包为主，医生包、剑桥包、托特包等包款都可以考虑。尽量选择低调经典的款式，放弃有明显 LOGO 或因太热门容易被仿冒的包，千万别用样式花俏但做工粗糙的包，这会让职业形象贬值。

理想情况下，可以有两个工作日常包，一个用来搭配黑色和冷色调的服装，一个用来搭配棕色和暖色调的服装。如果预算不够，就以你的服装主色调为主，用预算大头购买与自己服装主色调相配的包，可以频繁且长期使用。工作时使用的包，通常都是黑色或棕色的包，建议尝试一下白色系，灰白色或者米白色，会更亮眼。这两种颜色与任何衣服搭配都有清爽感，放在正式场合也适宜。特别在春夏季，浅色系包更符合时节，也更显柔和轻盈。

万用包

假日时使用的包应该比通勤包的感觉更轻巧，色彩选择也更宽松，主要适用于休闲时间和周末。除了材质越轻便越好，选择休闲万用包时要充分考虑“个人习惯与喜好”，比起工作时拿的包，假日包更应该能表现出你的个人特质。比如考虑自己带着包行走时的习惯是什么样的，是否需要

空出双手，再以此确定使用挎包、肩包或手提包，材质或款式可以有点趣味性，这有助于转换心情。假日包可以选择线条柔和的款式，如果你喜欢流行的某种款式包，用在假日包上通常更好。假日包要与你休闲时的穿着风格协调，驼色、奶油色、蓝色或酒红色，都是休闲包的不错选择。

宴会包

你会发现，背着日常使用的包参加酒会或婚礼，会显得整个人形象不够出彩。所以，即使出镜率没那么高，最好还是准备一个比日常包更精致，且有华丽感的小包，以应对特殊场合。常见的“宴会包”款式有手拿包、信封包、小号的链条包等，只要能装下手机、钱包、钥匙和口红就足够了。造型方面可以大胆一点，别害怕尝试不是自己平时风格的包，例如闪亮的丝缎材质、亮片镶嵌、有设计感的刺绣、亮丽的配色或新奇造型等，因为这种包体积很小，就算夸张也不至于打破总体的协调，还能帮你融入特殊场合的气氛。

可选项：运动万用包

许多人平时会定期去健身或进行户外运动，可以单独准备一个足够大且轻便的休闲包。挑选原则是材质要轻，设计良好的休闲用大包，不但可以搭配运动服，也很适合一两天的短途出差及旅行使用，一个有设计感的休闲大包绝对好过笨重的行李箱。

记住！你需要的可能不仅是包，更可能是新观念

一款合适的包往往是整体服装风格上添加的非常重要的细节元素，使整体形象为之跃升的搭配方法。要知道，点睛搭配并非辅助性的形象设计方法，而是吸引人们视线的基本搭配方法之一。同样地，不要小看包的作用，虽然名义上是整体穿搭的“配角”，只占了全身很小的一部分比例，却能以惊人的方式改变我们的装束，起到决定风格的关键作用。它往往有足够的能力改变我们的衣服所传达出来的信息。如果衣服是画作的线条，配饰就是色彩，让艺术情绪更饱满，原因何在？因为穿搭中的细节原本就起着至关重要的作用。可以将之理解为装扮服装的“零件”，不仅为服装增添亮点，也是展示个性的重要因素。

腰带：画龙点睛之术

腰带是服装搭配中低调却出众的配件，它能为全身的穿搭画龙点睛，为衣橱中的旧衣服创造出新样貌。每个人都有的实用配件——腰带，最初只是将裤子固定好的实用之物。经过无数服装设计大师的灵感，如今的女式腰带早已不再是被忽视的基础用品了，它是抢眼的单品，可为平淡无奇的装束瞬间增彩。

还记得《飘》里的经典一幕吗？战乱匮乏期间，女主角斯嘉丽窘迫到扯了绿色窗帘布做舞会的裙子，都不忘加上一条腰带。很多时候，正是因为缺少了腰带，你才会觉得某个造型没有完成。别看腰带小小一条，其中学问却很深奥，因为它很多时候决定了女装中一个很重要的位置——腰线。腰带不仅能够勾勒出腰线调整身材比例，也能成为一种装饰，让穿搭更为丰富。你可以在裙子、宽松衬衣、羊毛开衫，甚至西装外套与大衣外系上腰带，使服装的线条瞬间不同。

把腰带当成重要点缀

很多人认为腰带属于“不显眼的单品”，实际上，腰带是第一眼就会暴露在对方视线里的单品。一条质地精良的腰带可以传递给对方主人对细节重视的信息，从而给对方留下良好的印象。除了装饰的作用，腰带更是显瘦显高的神器。通常来说女性的臀部要比腰部宽很多。这个问题很容易解决，在背后腰带处加两个捏褶（缝进面料的小折叠）就可以把缝隙消灭于无形。

在日常穿搭中加入腰带，就可以提升穿搭的品位。而且聪明地使用腰带，可以让身材看起来更好，挑战变换自如的穿搭。另外，在工作场合，如果你穿了一条带腰带环的裤子且把衬衣扎进了裤子里，那就一定要系腰带，因为裸露的空腰带环会给人一种不讲究的感觉。

宽腰带，还是细腰带

腰带的粗细最能影响视觉效果了，宽腰带比细腰带更醒目，因此也会突出腰部，细腰会在宽腰带下细得更明显，粗腰也同样粗得更明显。因此腰部纤细的女孩可以选宽腰带，把优势展示出来。腰部线条不明显的人，就要注意避免粗腰带，另外娇小女孩也要避免宽腰带，以免太凸显腰部，影响身材比例。从这个角度来说，细腰带是不挑身材、更好搭配的，相较于粗腰带也更优雅。

腰带颜色怎么选

“浅色显胖、深色显瘦”的原则也适用于腰带上，深色收敛效果较好，而浅色会让别人的目光更容易集中在腰带上，同时也容易让腰身显得膨胀。

基本上只要有黑色和深棕、浅棕三种颜色的腰带，就能满足基本场合的搭配需求——它们能搭配几乎所有颜色的衣服。满足了基础需求之后，就可以选择一条彩色腰带当进阶版了。彩色腰带的点睛作用更强，细细一条扎在西装或者开衫外面就会非常亮眼。也可以选择白色腰带，但请记住，白色放在服装上是基本色，但白色腰带绝非基本款，而是与红、绿等艳丽色腰带一样，起到更强的装饰作用。你的第一条彩色腰带，可以选择自己服装单品中最偏好的颜色，比如你衣橱里绿色系单品最多，就加购一条绿色腰带；也可以考虑自己的鞋与包的常用色，腰带与鞋或包同色，是一种很好的呼应。

更丰富的腰带选择

选择一条皮质柔软的细腰带，更能灵活地搭配各种外套和裙子。细腰带买长一点更实用，秋冬季可以系在大衣、毛衣等上面，打造好比例。

休闲感编织腰带。编织腰带的装饰性更强，带有随性自然的感觉，特别是用它来搭配针织和镂空元素的上衣时，都会很有知性温柔的气质。而偏经典的款式即使在日常戴也不突兀。编织材质的腰带最方便的一点能随时调节腰带孔的位置。

造型感金属链腰带。金属链腰带其实是腰部的首饰。不管穿哪种衣服，金属链腰带都会成为焦点。金色腰带链条自带华丽感，适合搭配有正式感的单品；银色腰带链条更适合街头风，用来搭配休闲感的单品。系了金属链腰带后就不要佩戴过多其他配饰，特别是大尺寸项链。

织物腰带。是给无法搭配皮腰带的服装增加魅力的简单方法，比如说特别飘逸的裙子，皮腰带对这种服装来说显得太厚重，使用布质或缎面的腰带，感觉就更柔和，也更和谐。

根据身材调整腰带

许多女性畏惧腰带，主要是因为觉得自己的腰线不是优点，不敢突出它。确实，当你不愿意让别人注意到你的腰围的时候，系腰带是很有挑战性的，想让腰带起到加分作用，要找到腰带款式、颜色和佩戴位置的完美结合，要从比较细的腰带开始，2.5 厘米或更细也可以。细腰带能起到修饰效果，同时还不会占据许多身体空间，也不会吸引过多的注意力。把腰带系到最佳位置非常重要，我们每个人的自然腰线位置都略有不同，最佳腰带位置不一定正好在自然腰线上，也可能稍高或稍低。找到这个最佳位置的方法只有不断尝试。

腰比较短、胸部丰满的人，要将腰带系在比自然腰线低一点的位置，腰短的人要系细腰带，不要系宽腰带，因为这会让腰部显得更短，让身体比例看起来不协调。

对于臀部较丰满的女性来说，最完美的腰带其实是金属链腰带，系在腰最细的地方，金属链腰带有一定的重量，能防止腰带向上滑动，可以避免破坏整体形象。

腰比较长的人通常腰线也比较好看，可以佩戴任何款式的腰带，甚至是超宽的腰带。但要记得把腰带系在自然腰线偏上一点的位置，在视觉上缩短上身，让身材比例显得更加匀称。

如果你是腰身不明显的 H 型身材，或者腰围确实不理想，可以在系了腰带的服装外再穿一件外套或开衫。这样，视觉上腰带分割出了腰线，同时又不会暴露出真实的腰围。

饰品：让你的穿搭不再平凡

可可·香奈儿女士是现代服装和配饰变革的重要开创者，她创造的小黑裙正是配饰的最佳拍档，小黑裙的简约设计，让配饰点缀成为一大亮点。

日常生活中，有意识佩戴并搭配好饰品的人其实很少，许多人尽管都知道饰品是时尚的关键，却总觉得自己不能破解佩戴饰品的密码。饰品之于穿着，有着挥舞魔杖般的神奇力量，它们是表达个人风格的最佳方式，你尽可以穿得足够简单与日常，但通过哪怕一件精心考虑后出现的饰品，也能让人感受到你散发出来的独特风格与魅力。

把佩戴饰品当成穿搭的重要功课

将配饰融入日常装扮并不复杂，很多人其实是倒在了起点线上——通常是因为没有真正重视饰品搭配所致，有的人是不习惯佩戴或忘记佩戴，而有的人总想把饰品留到特殊场合才佩戴，这些理由在穿搭原则中都不成立。用好饰品的第一步，就是要养成佩戴它们的习惯，不要总想着把饰品留到特殊场合，日常装束更需要用饰品来提升形象完整度，让你的整体穿搭有亮点。搭配好饰品的真正秘诀在于信心，“看场合穿衣”的原则也适用于饰品搭配，但饰品的自由度更高，可以成为整体穿搭中的突破点。即使穿着低调，仍可用饰品作为表达自我的突破口。

创建你的饰品宇宙

如果每天随手抓一件饰品戴在身上，或者永远只戴那一件，并不是真正在搭配饰品，而要把饰品融进穿搭概念里，就需要建立起自己的饰品体系。你的饰品繁多或少而精都可以，但需要完全了解自己现有的饰品和未来购入的趋势。把所有饰品集中到一起，排列好，重点观察自己是否只偏爱某一品项的饰品、是否所有饰品都是同一种风格？列出缺少或想增加的饰品类型及风格，同时把你还喜欢但需要修理保养的饰品送修，把不能用或已不喜欢的饰品处理掉，当饰品真正被管理起来，你的饰品风格也就形成了。

高段搭配法：让全身饰品有呼应

如果你不是“只佩戴一件饰品”的极简派，或者古典到只佩戴成套饰品，那么你的饰品之间就需要考虑搭配与呼应。饰品呼应的原则，首先是材质最好有统一性，如果你的项链是金色的，耳环应该也是金色，这样才有统一性。当然，如果只是单颗珍珠或钻石耳钉，也能搭配所有材质的饰品，另外，大小配比要有反差。如果佩戴大型饰品，距离太近就容易冲突，如果所有饰品都很细小，又不够引人注目。所以，饰品间的大小关系需要反差，大饰品应该与小饰品搭配，如果想戴两个大的饰品，则要注意拉开一定距离。

项链

佩戴项链的基本法则：服装越复杂，项链越简单；衣服越简洁，项链越醒目。项链的分类方式太过丰富，最简单的就是从长度入手，项链长度与领口的关系处理，往往能决定整体造型的成败。项链长度的选择需注意“不要跟上衣领口重叠”，留下合理间隔，才能打造好穿搭层次。比起链坠一体式项链，链与坠分开会更灵活，可随时更换喜欢的链坠。

项链根据长度不同分为颈链、锁骨链、毛衣链等。颈链类似项圈，在颈部完美环绕一圈。风格强烈，引人注目，搭配露肩上衣或无肩带连衣裙更出色。对脖子细长的人更友好，购买之前要先测量脖围以确保穿戴舒适。

锁骨链长度正好在锁骨下方，多为精致小巧的设计。它适合任何露肩、低领、开领或无肩带上衣，最好搭配小而设计感强的吊坠。

公主型项链长度，从脖子到胸口之间，能突显颈部线条、修饰脸型。这个长度的项链最好搭，配低领能完整凸显项链坠，高领衣也适合。

马天尼型中长链长度大约到胸口，这种项链有华丽感但不会太夸张。能够修饰颈部线条，适合搭配系上纽扣的衬衫或高领衣，但如果你不想突出胸部就要斟酌是否选择这个长度。

歌剧型项链长度介于胸口与肚脐之间，具有华丽感，能吸引全场目光，也适合和其他项链作层叠搭配。可在脖子上多绕几圈，以形成丰富层次感。很适合个子较高、体型较大的人，挂坠造型特别一点的更能吸引他人视线。

耳饰

面部周围只要有些许闪烁的光点，就能让你看起来更漂亮，所以，耳饰只要戴起来就能增色。当你对耳饰拿不准的时候，耳钉总是不会错的，而华丽的坠式耳环，也并非只能在舞会上佩戴，也可以用它们搭配最单调的服装，比如纯色 T 恤衫／衬衫＋牛仔裤。耀眼的耳环也可以搭配简单的高领毛衣，跳跃的耳饰与简洁的上衣会互相映衬。如果你没有耳洞，选择耳夹或耳骨夹同样可以佩戴耳饰。

耳钉是百搭耳饰，搭配任何衣服都安全。大多数人没看清你耳朵上戴了什么，但耳边那一抹光芒也会留下精巧动人的印象。

无论是单个宝石耳坠、流苏耳环还是枝形吊灯般华丽的宝石耳坠，都是活跃度很高的单品，头发梳成简单的马尾，此时耳坠的摇曳感会让你的脸与身姿更生动。

圆圈耳环有各种不同尺寸，从精巧又安全的拇指大的圆环到超大金属环，大圆圈耳环简洁但张扬，戴好它需要一点自信。重点技巧是，戴大圆圈耳环时，要把头发放下来，只有让耳环在头发中忽隐忽现，才能达到平衡。

有珠宝设计师把耳骨夹形容为“耳朵上的戒指”，看起来很夺目，试试以它为主角，减弱别的饰品进行搭配。

手部饰品

手是容易引起注意的部位，无论是伸手拿取或递东西，还是交换名片，手上的装饰都很容易成为焦点。而且手部的装饰不太受身体限制，可以自由地装扮双手。可以试着叠戴戒指，重点在于将细巧的金属戒指叠戴在一根或两根手指上，也可以选择一个或一组醒目的戒指当主角，另外，一只手上戴 1 ~ 2 枚细小的戒指，会显得有搭配感且能避免夸张。手表也是腕饰，并且是堪称终极经典的配饰，适合各种场合佩戴，要尽可能选择预算范围内的最高级款式。

一枚与众不同的戒指能让你看起来很特别，也能成为谈资。如果你有那种为参加宴会购买的华丽戒指，平时就可以戴，并用它搭配简约的服饰。

宽版手镯只要佩戴就能吸引人眼球，因为戴的人比较少。细手镯可尝试佩戴多个或与手链叠戴，也可以在款式或材质上与戒指呼应，但手镯与戒指只能突出一个重点。

圆形表盘适合所有人佩戴，矩形表盘则更知性，表带颜色可以依据你平时最常穿戴的色系来决定。

丝巾：具有无限可能的造型神器

丝巾是服饰搭配方面的大利器，只要懂得善用丝巾穿搭术，就能为平常的造型增加亮点，提升整体华丽感。

回想那些很多深入人心，甚至被载入时尚史册的经典造型，如果将其中的配饰抹去，你会惊异地发现，它们都变得黯然失色。比如，丝巾带来的“影响力”，当奥黛丽 · 赫本穿着简单的衬衫与裙子站在罗马大教堂的台阶上，只将一条小小的丝巾系在颈间做装饰时，整个世界似乎都在为她翩翩起舞；从好莱坞明星到摩纳哥王妃的格蕾丝 · 凯利，用一条大丝巾固定受伤骨折的胳膊，定格了时尚史上的经典一幕；英国女王伊丽莎白二世从 30 岁开始便在非正式场合用丝巾代替帽子包裹头部。一条丝巾，是现代时尚史的重要见证。奥黛丽 · 赫本说：“我有一件衬衫，一条裙子，一顶贝雷帽，一双鞋，但却有 14 条丝巾。”

这一点也不奇怪，你可以把穿衣搭配看成一幅油画，需要有远景近景呼应，底色与细节兼具。那些被大多数人称道的“最会穿衣”的人，真正的过人之处并不是特别会买衣服，而是掌握了搭配的平衡感与节奏感，找准了穿搭中的细节与焦点，把标志性的配饰变成了自己的“个人风格签名”。比如奥黛丽 · 赫本和她的丝巾与帽子；格蕾丝 · 凯利与她的珍珠与丝巾等。

我们怎么选择丝巾

丝巾按形状分，最常见的就是不同尺寸的方巾和长条形丝巾。

方巾是最经典的形状，从好莱坞明星到英国王室成员人人都戴，正方形的丝巾通常可分为小方巾和大方巾。

小方巾的基本尺寸是 50cm × 50cm，风格上俏皮且有精致感。往往用来“充当领子、颈部装饰”，除了系在颈间，也适合系在手腕上、用来束发或系在包上。

大方巾的基本尺寸 90cm × 90cm，也有少数边长在 100cm 以上。除了更丰富的围巾系法，还可以当作头巾或披肩，这样适用范围更广，可轻松搭配各种服饰。

除了方巾外，长条形丝巾也很容易搭配，往细长了选更能突出风格。特别是窄长款的 Skinny Scarf，算长丝巾的升级款，更纤细，可搭配任何服装，如西装、连衣裙、丝质上衣、T 恤等。窄长丝巾有多种佩戴方法，既可以打结，也可以简单绕在脖子上，两端自然垂下，借以营造随意的效果。

根据身材挑尺寸

人的肩膀到胸部之间的范围，是丝巾的展示区。身高 165 厘米以上的高个子，适合用尺寸 90cm × 90cm 的大方巾；身材娇小的女性，则可以选择 50cm × 50cm 或 55cm × 55cm 的小方巾，在颈部打结会很俏丽。

不论身材高矮，都可善用丝巾修饰脸型。想让圆脸变尖，丝巾打结的位置就要往下，给领口留足空间，而侧面打结比正面打结修饰效果更佳。

色调比图案重要

与服装单品相反，丝巾是花色越丰富越百搭，鲜艳的丝巾是简约服饰的绝配。极简廓形的服装或黑、白、灰等低调色彩服装，都适合印花丝巾，形成繁与简、浓与淡的对比，起到画龙点睛的功效。

和珠宝一样，围在脖子上以及靠近脸部的单品，需要能衬托你的肤色与个性。许多人购买丝巾都会考虑是否喜欢花色，但比起具体印花，更重要的是主色调。每个人习惯的丝巾打结法各异，你喜欢的图样可能不会在你默认的位置。因此一条好看的丝巾最重要的是主色能适合你，烘托气色。

而在搭配丝巾时，同样要处理服装色调与丝巾的关系，只要丝巾印花中含有当日穿搭中任何一色，整体视觉就会协调。比如一条丝巾的图样有红、蓝、绿三色，搭配这三种颜色的衣服都会协调。

另外，色彩也与人的情绪有关，

心情舒朗的时候，适合红色图样的丝巾。而低调知性的人，则适合蓝色系的丝巾。

应用不同，效果不同

同一条丝巾，应用方式不同，所创造出的视觉印象也不同。根据不同的折法或卷法，丝巾可以变化出各种形状，并适用于不同场合，能以细微的变化带来形象上的改变。不用为网上流传的 120 种丝巾打结法头疼，佩戴丝巾的效果与打结手法的复杂性并不成正比。具体手法随时可以学，你只需要掌握几种丝巾基本搭配方法，就能为服装增加亮点。

打结法。丝巾最基础的用法就是系在脖子上。只要将丝巾对折成三角形，接着卷成细长条，在颈部打结固定即可。小方巾基本只适合用打结法，有灵动跳脱的感觉。

缠绕法。将大方巾对角折叠，简单地绕在脖子上，让两端和大角部分一起垂在胸前即可（或者很随意地打个结），这种围法很适合搭配西装或者 T 恤。

披挂法。不善长打结也没关系，即使只是将丝巾自然披挂，也尽显优雅之美。将折成条状的丝巾直接挂在脖子上，再加上外套，就能凸显时尚的美感。

尺寸比较大的丝巾，可以在秋冬等渐冷的季节代替披肩使用。由于大尺寸的丝巾具有一定的分量感，围在脖子上时，将头发盘起，这样更加利落有型。将卷成细长条状的丝巾绑在头上，就能变成华丽的发带，这种造型与度假风或复古风的服装特别相衬，同时丝巾还能帮头发增加分量感。

将丝巾当腰带使用时，只需将丝巾卷成细长状，并穿过裤子上的皮带环，打上一个平结就完成了。这需要尺寸较大的方巾或细长丝巾，也可以用一条丝巾替换掉风衣自带的腰带，并在身后打结，让风衣更有你的个人印记。

小方巾也可以系在手腕上，当服装较为简单时，可以用这个方法为穿搭增添不同的美感。丝巾也可以当成随身包的装饰，只要将丝巾绑在手提上再打蝴蝶结，无论是拆取或变化绑法都很简单。如果你临时想将今天佩戴的丝巾去掉，也可以临时系在包上，给人一种很随意的感觉。

选对了丝巾，你就能成为最聪明的造型师

很多人担心丝巾搭配会给人造成“老气”的印象，其实丝巾已经衍生出各式各样的佩戴方式，渗透到不同的生活场景，只要选对丝巾 + 灵活运用，就能变化出很多优美的造型。要知道，丝巾是性价比非常高的投资。每个人，不管年龄、身材、预算，总能找到能衬托你、帮你提升形象的丝巾，只要掌握了选择和搭配方法，不需要花费太多，就能让你看起来更漂亮。你脖子上那条丝巾，只要选对了花色，配对了风格，起到的效果也并不比名牌出品的差。

帽子：展现独特个性与魅力

帽子一直是很容易被忽略的穿搭好伙伴，无论作为保暖配件，还是造型加分细节，一顶帽子都是最理想的选择。有时全身虽搭配完成，但却总感觉还少了点什么，缺少点什么呢？是的，你缺少一顶时尚的帽子。

帽子与白衬衫、丝巾等经典服饰单品一样，也有着悠久的历史。到了近代，帽子依旧是女性出门必备的装饰，并向时装化发展。20 世纪初，仅仅在巴黎就有 800 多间帽子铺，白金汉宫里备受瞩目的三代女士——戴过 5000 顶帽子的英国女王伊丽莎白二世、广受爱戴的戴安娜王妃和时尚偶像凯特王妃，都是帽饰文化的坚定簇拥者。现如今，帽子不再是穿搭礼仪上的必备品，但当你精心为自己的发型、穿着搭配适合的帽子，再通过佩戴角度和方式，就能诠释出自己的风格。

看结构挑帽子

虽然很少有人适合所有款式的帽子，但每个人都能找到适合自己的帽子。帽子种类真的太多了，人们常下结论说哪种脸型适合哪种帽子，其实这种划分太过粗略。无论帽形如何，具体到每顶帽子仍有许多细节变化，要挑选适合自己的帽子，就需要把握帽深、帽顶、帽檐、材质等几个重点，通过多次试戴，最终找到最适合你的那一顶。

帽顶是帽子上包裹头部的部分，帽顶大致可以分为圆形与方形，线条流畅的圆顶能修饰头部和脸部线条。例如钟型帽，适合脸部棱角分明的人，而线条较明确的方顶则适合脸较圆的人。

帽檐是帽子前面或四周延伸出来的部分，按照帽檐形状不同，可以分成宽檐帽、窄檐帽和无檐帽。有的帽子只在正前方有檐，常见于棒球帽、鸭舌帽与报童帽。

窄帽檐会让五官看起来更集中，更适合脸小的人；宽帽檐会分散五官，能够修饰较大的脸。帽檐越宽越醒目，但同时也压身高，所以身材高大的人选宽檐帽，身材娇小的人选窄檐帽；选择帽檐最宽的限度不要超过肩膀的宽度。

帽子深浅也是选帽子关键之一，长脸、尖脸或是额头宽的人适合较深的帽子，可将帽子往下戴，来调整脸长；反之，则可以将帽子往后戴，露出额头刘海，或是将帽檐微微卷起。

材质与帽型一样，是修饰脸型的重点之一。软质帽子易调整形状，脸部线条棱角分明的人适合戴材质偏软、帽檐线条丰富的帽子；脸比较有肉的女孩，适合材质较硬挺的帽子。

不同帽型，风格不同

选帽子的另一个重点，是看它与你日常穿衣风格是否协调。不同帽子可营造帅气、甜美、休闲等风格，买帽子时不妨穿着你最常穿的服装搭配，照照镜子，确认两者搭配不会突兀。

礼帽其实是个比较笼统的说法，根据帽顶形态、帽檐宽窄、线条感的不同，还能细分成好几种。比如，圆顶礼帽、平顶礼帽、爵士帽等。在材质上一般会选择羊毛或者草编，总体来说，礼帽的造型感强，搭配风格广，戴上礼帽，就要做好成为视觉中心的准备。

钟型帽帽顶圆润，像一只倒扣的钟，将头整个包住，在 1920 年至 1933 年的美国爵士年代很流行，也伴随了短发的流行——这款帽子很适合短发的女性佩戴，帽檐既能压低遮住眼睛，也可以翻起来。如今，带有浓浓复古感的呢质钟型帽仍是冬日好选择，为了看起来不至于太老派，别用它搭配蕾丝衣领或女性化装饰过多的上衣，搭配简洁的呢大衣、利落的小西装都能让整体造型更有风格。

贝雷帽是经典帽型，无论正装或休闲风格的衣服都能搭配。贝雷帽的柔软意味着它可以有多种佩戴方式，也不太挑脸型和头型，只要变换帽子的方向和角度，就能呈现出不同的风格。唯一要注意的是别戴得太正，可以向后或向侧面倾斜。

针织帽是几乎不会过时的单品，但戴不好容易显得平淡无奇。想避免这一点，就要加强搭配思路，而不是仅为实用戴它。只有选择装饰尽量少的针织帽才能百搭，也只有挑选尺寸合适又稍宽松的样式，才能有助于修饰头型和脸型。把针织帽戴松一点，让人能看出帽顶部仍有一部分空间，

而不要紧紧贴在头上。针织帽很适合短发人士佩戴，不易出现发型与帽型冲突的问题，也更显利落。

报童帽前面有帽檐，从侧面看头顶部分呈椭圆形，通常由羊毛、粗花呢或棉布制成，是典型的英伦风产物，适合搭配学院风服装、休闲装和西装。报童帽男士与女士都可以佩戴，女性佩戴更显俏皮，且能给女装增加一点点男孩子的英气。

草帽有夏季感，因此要搭配选择轻盈、透气的衣物，还可以用丝带或花朵装饰草帽。草帽的帽檐越宽大，就越有度假风。

渔夫帽轻便、有中性感，在日常着装中比较实用，线条简单的渔夫帽不要搭配过于华丽或太过飘逸柔媚的服装，搭配一件线条简洁的衬衫或外套看上去就不会过于休闲。

棒球帽的选择细节在于帽檐，平帽檐比较挑人，选择帽檐带弧度的更有修饰效果。

选顶最合适的帽子，找到对的佩戴方式

选帽子跟买衣服一样，除了看款式，尺寸合适是重点。最好事先量好头围确定尺寸。戴上之后有点宽松但又不会跑位的帽子，是最适合的。选好合适的帽子，还得用正确方式佩戴它，以利发挥帽子的造型潜力。美国老牌歌手弗兰克·辛纳特拉说过：“戴上你的帽子，角度就是态度。”为了造型戴帽子，就不能简单地把帽子扣在头上。很多帽子的设计都适合稍稍倾斜着戴，只要将帽子向前、向后或向侧面倾斜一点，观感就会有很大不同。

为何人人都可能是“帽子控”

著名英国帽艺设计师希林说：“女性最诱人的部位是她的大脑，而帽子离大脑最近。”没错，戴在头顶的帽子是绝对的醒目，也最容易给人强烈的第一印象。至今被人们奉为优雅穿搭典范的赫本，以简约的服装风格创造出那么多经典造型，就是因为善用配饰作为记忆点。赫本在影片和生活中都是个“帽子控”，她优雅的脖颈、顾盼生姿的灵动双眼都是礼帽的良伴。不过，需要注意的是塑造有个人风格又不落俗套的穿搭方法，是尽可能选择线条简洁，装饰较少的服装，同时自行搭配合适的配饰可以补充穿搭细节。如果过度搭配会很容易失控，只会起到反效果，搭配起来更是困难重重。

第六章

优雅的仪态是最动人的影响力

拥有天然美的女性自然很吸引人，但若没有优雅的仪态加持，终不过是个没有灵魂的花瓶。奥黛丽·赫本说：“优雅是唯一不会褪色的美。”天然美是一种力量，但和被礼仪修养润泽出的高贵、知性、聪慧、率真、善良等品质比起来却会逊色三分。

优雅仪态是女性的名片，是通过形体美彰显出的内在修养，是动人的影响力，更是高品质女性独有的审美观、生活态度、处世哲学等综合素质的集中体现。被优雅滋养的女性纵使身在角落也会是最耀眼的存在，就算时光流逝，刻在骨子中，融入血脉的这份优雅也不会衰败，就算两鬓斑白也一样能美得动人心魄。

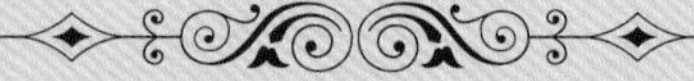

礼仪是魅力之源，形象的基础

女性的礼仪形象是个体形象的外在表现形式，体现在女性容貌、着装、举止等方面，也体现在女性教养、素质、内在品格等方面。有形象、有魅力的女性总能让人另眼相看，端庄的外在形象、自身的修养、优雅的生活方式、良好的人际关系、超凡的智慧、广博的学识、高瞻远瞩的眼界，这一切都离不开“礼仪”外化参照物。

可可·香奈儿说：“优雅不是那些刚刚从青年时代挣脱过来的人，而是那些已经掌握了自己未来的人所拥有的特权。”女性在礼仪方面的表现，决定了格调，同时也决定了生活范围和前程。就算一个女性站在那里什么都没说，粗俗或高雅都能一眼望穿。

平凡生活中的礼仪加持

巴尔扎克说：“女子就像一把竖琴，仅仅向懂得如何弹拨它的艺术师吐露美妙曲调中的奥秘。”如同知礼懂仪的女性，从站在你面前的那一刻便投射出了让人倾慕的光彩。她们服饰不一定是名牌，但一定整洁得体；

妆容不一定紧追时尚，但一定清爽干净；牙齿不一定整齐洁白，但一定没有难闻的口气；头发不一定乌黑发亮，但一定不让肩头承接掉落的皮屑；指甲不一定刻意美化，但一定没有污泥。

无论出席怎样的场合都会以最优雅形象示人的秘籍是清楚自己的人设和品位，这样的女性展示在人前的高雅也绝不会在人后坍塌。懂得把生活过得更有意义，让自己和身边人随处都可享受到生活本真的幸福和快乐才是她们深耕的精髓。外在风光无限的她们，家居生活同样清爽宜人，一尘不染的家居环境，整洁干净的饰物，摆放有序的家具用品，都彰显着她们人后的自律魅力。无论是亲朋好友，还是邻里间都处处体现着她们的修养，保持边界和尊重是她们交往的前提。恰如契科夫所说："人的一切都应该是美的，包括面貌、衣裳、心灵以及思想。"

礼仪提升女性内在修养

苏格拉底说："女性的纯正饰物是美德，而不是服装。"来自女性灵魂深处的礼仪魅力，是万金不换的内在修养。

快乐和幸福就像手中的流沙，握得越紧流失得就越快，与其抓紧指间的点滴，读书丰盈内心才是提升修养和格局的捷径。"腹有诗书气自华"，爱读书的女性，即使不刻意装扮，也会由内而外生出一种优雅动人的气质。她们会依音乐类别选择喜好的音乐，依流派欣赏画作，按朝代鉴赏古玩，

区分高雅、高级、品位还是粗俗、不雅或廉价，这不仅是她们的傲人之姿，更是努力后的修为。除了生活，还须稳稳地托举起家庭和事业，厘清所有关系链条，在精进中成为更好的自己。无论是优雅还是魅力都不是孤单存在的，努力完善才是坚持的方向，灵魂与身体，总要有一个在路上。

礼仪让人际交往更具魅力

哲学家约翰·洛克说："礼仪的目的与作用是让人变得柔顺，使人们的气质变得温和，尊重别人，和别人合得来。"一个有礼貌与修养的女性从行为举止到待人接物，都给了这句话最具体的定义。

懂礼仪的女性，行走时一定谨守"前尊、后卑、右大、左小"原则，深知走在长者或是领导的前面或是右边是大忌；握手时，双眼直视对方并点头微笑，上半身自然前倾，但只让对方握住自己的指尖，虎口处相接的握手那是男士和他人握手时的姿势。电话交流时，尽量在上班时间沟通，不在对方用餐或休息时进行沟通是常识，最好的加分项是致电前会将准备向对方表达的内容列出提纲，高效又可避免疏漏。接听私人电话时能引人侧目的一定是不重视仪礼的女性，因为重视礼仪的女性比谁都清楚在没人的地方接听私人电话，除了不影响他人办公，还能保护自己的隐私。

莎士比亚说："在宴席上最让人开胃的是主人的礼节。"所以，如果不想让人觉得自己无礼，询问宾客的饮食偏好及宗教信仰后再根据宾客的饮食习惯制定菜肴是最基本的"餐前菜"。食用西餐，要清楚餐具的中心是盘子，而不是自己。由外向内选用刀、叉、汤匙，且每道菜仅使用一套餐具。暂时离席时，餐巾要放在椅背或把手上，餐布折好放在桌子的左边，或用盘子压住餐巾的一角，让餐巾从桌子上垂下来那是用餐完毕才做的事情。如果是吃中餐，不能用筷子敲碗，乱转筷子或是翻弄菜肴，记得用公筷夹取菜肴；为他人斟酒要站在对方的右侧而不是左侧。别小看这些礼仪小细节，这恰是区分女性修养和礼仪的关键。

礼仪就像百搭品从不挑人，就看你如何滋养它、表现它，外在形象可以包装、训练，其实内在的滋养才是重点。为什么有些女性看似普通却一样很迷人？不过是人们在言行举止间感受到了她们超凡的礼仪修养，深谙礼仪魅力的女性则以一种更加艺术的形式将它们表现得淋漓尽致，更有辨识度。

姿态直接表达了你的修养值

从每个人站在他人面前的那一刻，姿态便已经和对方发生了连接。梅拉宾法则早就告诉我们：“一个人给他人留下的最深印象中，肢体动作占比高达 55%。”

当动态的姿态语言和环境构建起了一种特殊的“场景”，人便有了双重的身份。为了某种目的，有些女性将姿态修养当成了表演课，公众场合表演得惟妙惟肖，但回归到私人生活，这些人为加工的修养便没了盛装的“容器”。可见，一个女性私下里的姿态才是最高级的修养。

生活中的站姿雅态

《北齐书 · 徐之才传》记载：“白云初见空中有五色物，稍近，变成一美妇人，去地数丈，亭亭而立。”因此，亭亭而立一直被视为女性最优雅的站姿。如果说修养是有味道的，那一定融合了一个女性举手投足间散发出来的独特韵味，以及眼角眉梢间涌动的灵气。在没开口之前，站姿便透露出了你内在的修养。

许多女性并不觉得自己的站姿有问题，这是因为，站姿虽然强调的是“站立”这个状态，但如何显得挺拔才是重点。女性的站姿取决于头、胸、臀的姿态。想象头顶有根绳子向上提拉，轻抬颈部，充分感觉头顶向上伸展的感觉，让头部、肩颈得以向上伸展；双肩向后扩展，打开胸肌，让胸部挺拔；臂部收紧，可使之显得上翘，保持丁字步状态。如果感觉把握不好要领，只需要侧身站在镜前，看看你的耳、颈、手臂、腿都是否在一条直线上，就能慢慢找到感觉。

以怎样的姿态站着，足见一个女性的修养。想怎么站就怎么站，时不时地还要找地方靠一下，或者倚着东西站着，只能被贴上散漫的标签，如果姿势站得很妖娆，也会有失优雅端庄。日常生活中要时刻站成一条线，别让身体东倒西歪，只有这样，才能练就优雅的站姿。

你坐对了吗

俗话说：站有站相，坐有坐相。你以为坐姿就是稳稳当当地坐在那里吗？其实，脊背挺拔、扩胸展肩、沉肩立颈、脖子不前伸、脚尖顺着小腿的方向，这五条基本原则，任何一条没做对，都说明你“坐”错了。

坐姿和静态的站姿不同，是动态的过程，从站立到坐在椅子上，聪敏的女性都知道，怎样的落座过程才优美。有的女性从坐下的那一刻便让人

少了三分好感，因为下意识地臀部发力，整个人便失去了优雅。落座过程中背部要保持挺拔，不能向前弯腰，也不能向后撅臀。

落座和起身时都要用腰腹位置发力，而不是臀部发力，否则只会似重物般陷在沙发里，要想让坐姿挺拔，椅子前 1/3 ~ 2/3 的位置是留给你的最佳位置。无论何时都别忘记：“女性的优雅是雕刻在挺直的背脊上的。”

双脚平放的坐姿，最能凸显女性端庄高贵的气质，膝部、腿部、脚部要完全并拢，哪怕留一点空隙都没办法拿“高分”。双腿微微向一侧倾斜可增加动作的美感度，交叉脚坐时，默念“小美人鱼”口诀。膝部并拢，双脚一前一后交叉着坐，如此才能呈现优雅小美人鱼般的坐姿。虽说不推荐跷二郎腿，但这种全人类的习惯性动作要完全戒掉也不容易。在没办法控制这个不良坐姿前，至少不能让修养打折，不自觉地跷腿坐时，要将翘起的腿贴在另一条腿上，上面的脚背绷直，脚尖下压，这样的坐姿除了避免鞋底对着别人有失修养，还能让腿显得修长，而双手交叠放在膝头上，可再增女性味。

优雅的步态

摇曳生姿是女性优雅步态的终极呈现，而这取决于步位和步度，双脚前行，基本踩在一条线上是高级感的步位。不必陷在身材高挑的女性步度大，身体娇小的女性步度小的怪圈里，只需要记住，行走间，前一脚和后一脚的距离恰好等于你的脚长，便是完美步度。除了步位和步度，走路时上半身要保持正直，下巴后收，两眼平视，胸部挺起，腹部后收，两脚平行。

穿着平底鞋行走时，脚要以腰部为轴而转动，但不可摇摆。不想显得步态僵硬，膝盖和脚踝要富有弹性，否则会失去节奏。一脚跨出后，手臂要跟着自然轻松地摆动，步度配合呼吸，有规律、有节奏地前行。穿高跟

鞋时要本能地挺起胸部，内缩腹部，翘起臀部，可让小腿变得饱满，脚背曲线更显圆润，呈现出最迷人的女性曲线美。

迷人的微笑

达·芬奇画的《蒙娜丽莎》的微笑之所以让人回味无穷，恰是因为可以给人以美的享受，使人产生真善美的渴望。迷人的微笑是女性健康生活态度的展示，兼具人格力量。即使你长得不是很漂亮，衣着朴素，体态不均，但只要以微笑示人，便能展现出健康向上的生活态度，在人际关系中更容易立足的女性都是微笑的使者。培根说："微笑就是好意的信差，笑容能够照亮所有看到它的人。"

人际交往中，别忘了先试试微笑这张牌，因为没有人会拒绝面带笑容、修养得体的女性发出的友好邀请。人际关系的逻辑其实就是镜子的逻辑：如果你笑，它就笑。这是因为笑容是人们难以抗拒的魔力，同时也是最美的语言。

只是，想把这种语言发挥到极致是需要一些练习的，取一面镜子，对着镜子大声清晰地发出五线谱上的"哆、来、咪"音，让嘴唇肌肉先放松，这样可以确保笑起来更自然。门牙咬住一根筷子，上下牙同时用力，让筷子保持平衡，嘴角向上扬起坚持几秒后还原，反复 5 次，这可以让你的笑容更好看。舌尖顶住上颚，对着镜子反复练习不露齿，或露四颗牙齿、八颗牙齿微笑的动作，可以形成肌肉记忆，让笑容更舒展。

在微笑这件事上，位级"青铜"的女性只懂得控制自己的面部肌肉，但很容易掉进"皮笑肉不笑"的窘境中。只有笑容饱满、牙齿微露、面颊提高，眼睛周围会出现褶皱的笑姿被称为"迪香式微笑"，有最美笑容的称谓。这种由法国神经学家迪香亲自示范的职业微笑，非常有感染力和亲和力，被认为是最适合社交场合的笑容。

声音俘获人心，凸显你的魅力

英国诗人威·柯珀说：“声音能引起心灵的共鸣。”当一个女性以婉转悠扬、余音袅袅的声音传情达意，就算你面貌平庸都会另有风情。你试过因为一个人的声音爱上一个人吗？很多人有这样的经历，他们被称为声音控，就如颜控一样，让人欲罢不能。

女性对外貌、服饰的在意从幼儿起便可初见端倪，但往往许多人忽视了声音的力量。声音于女性而言，是开口之后的一把利剑，不了解声音魅力的女性，开口便已输了半壁江山。因为，在人际沟通中，文字意义起到的作用仅有 7%，语音语调则占了 38%。优美的声音、标准的发音、丰富的语调不仅能让你在沟通中抢占先机，还能一语惊人。

沟通中的声音魅力

力量的支撑勾勒了声音的外形，但要让它散发魅力还需要精雕细刻，唯有如此，声音魅力才能成为你的加分项。同是聊天，为什么有些人能让人感觉畅快，有些人却只能勾起人的困意，让人昏昏欲睡，甚至完全找不到说话的重点，后者不过是缺乏起伏的音调，误入催眠曲行列。一些女性的声音极富感染力，秘诀就在于她们懂得音量和音调的变化，从而营造出了或高潮或舒缓或动情的声音而已。控制情绪，有意识地通过音调的轻重强弱、吐字快慢以及句式的松紧配合，是魅力女性在沟通中必备的技能。如此才能让表达快慢适中，快而不乱，慢而不断，更富语言感染力。

人在讲话时，音节间还要学会适当停顿，那种仿佛憋着一口气喘不上来的语音，自己都会感觉胸闷。梁实秋说："一个人大声说话，是本能，小声说话，是文明。"小事方能见真章，女性的音量，不知不觉间已经暴露了你的层次。低声说话的人，显得温和有礼，而大声说话的人，吵吵闹闹，影响别人却不自知。初次相识，对方可能会先从你的衣着打扮等外在形象来打分，但待开口，仅凭音量的大小对方就可能会给你重新打分。

心理学上有个"私人空间效应"，说明身体周围有一定的空间，当对方越过空间边缘，你便会有被冒犯的感觉。有时候，单单听到音量就足以判断一个人的样子，习惯大呼大叫的女性很容易被冠以粗鲁的帽子，所谓"实墨无声空墨响，满瓶不动半瓶摇"，装满了墨水的瓶子不会发出声音，只有空空的瓶子才会发出摇晃的响声。所以，不想被人认为胸无点墨，缺乏素养，虚张声势，就要学会降低音量。一个连音量大小都控制不了的女性，何谈控制人生呢？当然，也别走极端，说话声音太小让人听着费劲也不好，往往给人留下唯唯诺诺、没有气场的印象。

说话，是一门很深的学问

声音对于女性，就好像一件天然的乐器。女性的音色相较男性本身就具备着柔美、亲和的特质，既然这是天赋使然，自然不能浪费。就算不具备一副悦耳动听的好嗓音，听之，至少也要让人有沐春风之感。比如，同样一句："你真行啊！"说成升调，是疑问性句式，带有不信任和讽刺的意味。

换以降调，便是陈述性句式，有了肯定、鼓励、佩服的意味。细节把握在于女性所处的环境，但更在于她运化环境的能力。错落有致的语调，配上珠圆玉润的发音、清晰准确的吐字，无论是谁都会被这样女性的声音所感染。

女性拥有迷人的音质固然很重要，但如何在社交场合用声音突出自身魅力，却需要巧思和应变能力。在人际交谈中擅用礼貌词汇和句式的女性不仅风度迷人，声音魅力也更俘获人心。说话富有幽默感的女性更具交流优势，天生带有的喜感一旦融入了聊天氛围中，便开启了活泼风趣幽默的交流之旅。

态度真诚，言谈间有思想有观点，语音语调柔和，这些特质本就是人性中很难抵御的部分，能迅速地抵达人心里最柔软的地方。所有女性都应该像训练形体一样去训练声音，以此彰显女性独有的魅力。

女性的形体美决定了生活态度

著名美学家朱光潜先生说：“人体以它生动、柔和的线条与轮廓，有力的体魄与匀称的形态，以及滋润、光泽、透明的色彩，成为大自然中最完美的一部分，标志着我们这个星球上最高级的生命尊严。”美神“米洛的阿芙洛狄忒”雕像躯体呈螺旋状上升趋向，略微倾斜，身体各部分起伏变化富有音乐的节奏感，被认为是最代表女性形体美的雕像。

在快节奏的现代生活中，许多女性因受困于生活、工作的压力，早早就放弃了对优美形体的追求，让生活失去了应有的色彩。而有的女性则因一直重视形体训练，从而唤醒了女性柔软的天性，反而绽放出了更加绚丽多彩的生命之花。

形体美才是女性永久的“时装”

女性的形体美更强调身体比例的匀称，线条流畅，以及迷人的曲线。重视形体学的女性都清楚，身材松弛、臃肿的女性纵使拥有盛世美颜，也不可能彰显高贵的气质。相反，就算相貌平平的女性，也可能因为一副好身材引人注目。如果女性追求外表美可以提升自信，那么塑造形体则可以赋能女性气质，回归女性本质。不过，你以为拥有形体美的女性只是单纯地漂亮，那是因为你没注意这些女性背后蕴含的文化修养、知识水平、言谈举止和精神风貌，如此才形成了她们独有的气质美。换句话说，没有气质美的女性，永远无法体现出最高层次的形体美。

生活中漂亮的女性很多，但由内而外散发迷人气质的女性才是最美的风景。而气质则来自优雅的形体美，只有重视塑造形体美的女性，才能遇见更美的自己。昂贵的时装会过时，娇美的容颜会衰老，但优雅的气质却可随时光沉淀，历久弥新。作为爱美的女性，无论在任何年纪都不应该放弃对形体美的追求，如此，你才能美得完整，美得洒脱。

形体训练让女性更灵动

形体美主要取决于身体各部分发展的均衡与整体的和谐，肩宽、腰细，上体呈“V”字型，下肢修长，整个形体呈现出明显的女性曲线美。形体

美不仅要有柔美的线条，还要有布局合理、均匀分布具有女性特征并富有弹性的肌肉。女性的肌肉不同于男性刚劲坚硬的肌体，它们更富于流动感。所以，女性形体训练中的肌肉训练是不能缺少的一课，只有让全身肌肉及其肌力分布均匀，提升弹性，才能拥有 S 曲线的女性美。

有的女性喜欢把手机拿到胸前，埋着头看屏幕，这样不仅驼背，脖子还会向前探，非常难看。每天要保持背部挺直，手摸后脑勺，手肘左右打开，活动肩膀和背部僵硬的肌肉，然后左右拉伸颈部，以此改善驼背导致的背肌无力，进而塑造肌肉的柔韧性。

举哑铃可以让女性的肩膀变得圆润，以突出其曲线美。身体站立，双腿并拢，手臂向上伸直，感觉身体被向上拉伸的状态，手臂尽可能向上提，之后慢慢踮起脚，停留几秒钟。重复这样的动作可以塑造优美迷人的背部线美。女性丰满的胸部不仅能体现女性特别的魅力，也是凸显曲线的重要部位。游泳、扩胸运动、俯卧撑等可增加胸大肌的锻炼，促进胸大肌的肌肉生长，让胸部更具弹性。

女性腰部的形态美主要体现在腰两侧曲线的圆润以及上起胸部下接臀部曲线的柔和变化上，否则，也就谈不上可以和胸、腰、臀、腿构成了光滑的 S 形曲线了。只要正确锻炼肌肉就能改善不好看的肚子，也更容易保持腰线。走路时要抬头挺胸、摆动手臂，坐下时，也要让脊背打直，不要弯腰或挺腹，如此才能练习腹肌，使腹肌有力而不易松垮。

亚洲女性身材最大的特点在于臀部扁宽，腰身松而肥，“散臀”是因为没使用臀部肌肉，导致臀部向外侧松弛，很容易出现下垂，使得肌肉移向大腿，直到区分不出臀部和大腿。有些女性因为大腿内侧赘肉太多，只能打开膝盖坐着，肚子也会跟着下垂，所以保持膝盖和大腿夹紧，坐下时，将双膝向内用力合拢，锻炼大腿内侧，以轻松实现优雅的坐姿。

大腿的赘肉多主要是因为走路时没有使用肌肉，比如说，如果埋头走小碎步，就用不到大腿后侧的肌肉，而不抬腿、擦着地面走，则不会使用到大腿前侧的肌肉，走路时应该每一步都充分调动肌肉，这是优雅的走路方式。也可以试试深蹲，以雕塑翘臀改善粗腿，做深蹲时双脚需要开立，两脚距离与肩同宽，脚尖略微向外，如此才能让肌肉得到更多的锻炼。

单腿支撑的双臂平衡训练，可以塑造腿部肌肉线条，让腿部呈现纤细但不失健美，修长却不失圆润的形体美。特别是要练好小腿肚的肌肉，这样，脚踝也会显得紧致，其实方法很简单，只要保持站姿，不仅可以进行肌肉锻炼和拉伸，而且还可以活动脚踝。

不要认为形体训练有多难，难的在于你是否愿意坚持，只有精修过外在形象这门课，才能似醇厚浓芳的陈酿，经得起风雨磨洗和生活锤炼，拥有独特的魅力。虽说，窈窕的身姿只为用心的女性而生，但它同时也是慷慨的，那些持之以恒努力塑造身形的女性，纵使先天条件不是很好，也会收获颇丰。要知道，对一个女性而言，看似在塑造形体，其实是在塑造新的生活。

优雅端庄的女性非常注重自己的仪态，而形体训练可以使得仪态到位，自然体现出婀娜的体态和美妙的曲线，及优美的姿态，这能反映女性的气质、修养，为自己增添许多魅力。不同于天生的容貌，形体能通过长期练习进行修正。

不同场合精致感的体现

真正精致的女性，赏心于己，赏目于人。哲学家大卫·休谟提出了“品位”这个概念，在他眼中，这是人类进行价值判断的能力体现。当这种能力通过综合素质传递出去，人们便有了自带魅力属性的精致感，随着时代变迁，女性要面对和判断的事物也更加繁杂，如何在不同场合呈现最精致的自己，获得他人的赞许，早已成为女性经常讨论的话题。

美学大师蒋勋将美形容为一种竞争力，在他看来，世界万物中，当一个物种具有了无法取代性才构成了美所需要的条件。或许，这就是女性都渴望拥有独一无二精致感的原因所在。

将精致感融入生活点滴

女性虽然都追求精致，但却又有很多的女性不知从何入手塑造属于自己的特质，不知不觉中将精致和昂贵画上了等号，以为穿着高级定制的服装，背着奢侈品包包，戴着限量版的珠宝就有了引人称赞的精致资本，偏偏整体望去总让人感觉少了些什么。因为，就算再昂贵的物品，如果搭错了人，用错了地方，也会失去意义。相反，无论多么普通的女性，只要做好一些小细节，精致感便能浑然天成。

自然完美的妆容

可可·香奈儿曾说："我真的不能理解一个不打扮一下就出门的女性，即便是出于礼貌也不应如此。"女性的精致少不了得体的妆容，但在化妆这门必修课上真正能拿到 A+ 的人却并不多，一些人迷陷在繁复的妆容精致感中，偏偏忘了大道至简的道理。精致的妆容不一定要做加法，在你帮助各种妆品都找到施展魅力的舞台时，你和精致感便已无缘了。

既然大家都会化妆，那么选对基本妆容方向，升级你的颜值便成了重点。学会根据脸型化妆决定了你是"青铜"还是"王者"，让妆容符合场合需求则可以让你的战斗力再升级。

日常生活中为了配合穿搭，更显亲切感，浅色系的妆容会更贴切，但若是出席派对，相对浓艳一些的妆容可以确保你有参与感。如果你还是感觉有难度，就学会描画眼妆，因为精致的妆容更多的是通过眼睛来表达和呈现的，眼睛是心灵的窗户，眼妆是整体妆容的灵魂。

通过单、双眼皮这样的特征可以定位最基本的眼妆风格，单眼皮画浓烈些的眼妆会显得你与众不同，却不会显得老气。双眼皮女生画淡眼妆更显高级，当然，要根据场合需要，浓淡可以稍加创意，但纵使出席酷辣的派对也别挑战那些呛辣的眼妆，你得意的妆容，可能在别人眼中突兀又怪异，甚至让人感觉窒息。当女性清楚，精致妆容的重点在于符合自己的特质，自然就有了驾驭它们的能力。

光泽柔滑的发型

一头柔顺而有光泽的秀发对于女性的重要性不言而喻，因此，选择香味怡人的洗发水，去除头油和头屑，可以让秀发承载起你精致的发型。或许你很在乎发型，但你平时用在头发保养上的时间又有多少呢？保持头发的清爽，每次洗发后都用护发产品给予其营养和修护，定期做一些保养，都是精致感分散在日常生活中省不掉的环节。不要做那种需要出席重要场合才会认真打理头发的女性，因为精致的女性，纵使只是和几个朋友小聚都不会忽视任何细节。

优雅得体的服饰

有些女性一味地追求时尚，以为这样就能凸显自己的精致，其实这份强求反而会失去美感。优雅得体的服饰从不会盲目跟随潮流，它带给女性的是一种美妙的感觉。

服饰需要符合身材，你可以学习各种服饰的搭配方法，但切忌东施效颦，照搬他人的搭配方式。你需要做的是清楚你身材的优缺点，突出优点弱化缺点，不论是性感的蕾丝镂空，还是复古的流苏、不规则的褶皱、创意的印花、露肩露脐的设计，或是浓郁的色彩，不同材质的拼接，只有那些能彰显你气质和风情的服饰才是最适合你的精致造型。你要知道，别人穿着是美的，但你

穿着可能并不适合，你只有在凸显个人品位的前提下，进行简洁、高级有质感的穿搭，才能找到属于你的精致感。

无论怎样的场合，虽然合体的剪裁、精良的面料都被视为着装重点，但这些都是整体的搭配，女性还可以利用一些看似不经意的小心思惊艳众人，比如佩戴一些极具设计感的配饰，如丝巾、包、腕表等，就如奥黛丽·赫本所说的："当我系上一条丝巾时，才前所未有地感到自己如此女性。"

精妙生动的仪态

美学大家朱光潜推崇"美感即直觉理论"，在他看来，人们只要静静地观赏某个事物，便可享受到即视的美感，一个人的仪态和体态恰是这种即视感最鲜明的体现。跷二郎腿，或是坐在那里不停地抖动双腿、摇晃双腿，踮脚走路、驼背弓腰都会让你的形象打折。良好的仪态需要头摆正目视前方，将背打直，手臂随脚步小幅晃动，身体保持平稳，走直线时，要保证肩膀的稳定。

对于不良体态，你平时要有意识地进行训练。扩胸拉背有助你挺拔身姿，提臀拉伸可让臀部更翘，背部舒展拉伸可以练习背肌，你想偷懒时不妨再想想奥黛丽·赫本说过的话："若要优雅的姿态，走路时要记住行人不止你一个。"

懂得品质的情趣

女性的精致感不关乎年龄、金钱，却和生活态度有关。女性的精致感离不开耐人寻味的韵味，这是一种经得起岁月磨砺的健康生活态度。

事实上，如果你足够渴望且有条件，完全可以借由一些外在手段轻松变得貌美如花，但是，你内心若没有追求美好生活的执念，就会离真正精致的女性越来越远。你只要怀揣生活的激情，就会把日子过得生机勃勃，纵使你没有强势的光环，也难掩那与众不同的气场。

女性的精致感，说到底也是人类高级形态文化情感的一种体现，是人们体验到的自身感受，更是一种美好的愿景。当你达到了精致感的境界，就算只穿着一袭简单的长裙也会让人侧目。

内涵决定一切，得体的知性魅力

英国作家毛姆说：“世界上没有丑女性，只有一些不懂得如何使自己看起来美丽的女性。”这世间，不是所有女性都有闭月羞花、沉鱼落雁的容貌，但有些女性却有“石韫玉而山晖，水怀珠而川媚”的本事，站在那里便光芒四射。女性不是因为漂亮而美丽，而是因为聪明才可爱。

在男性眼中，貌美的女性不难求，只有那些举止优雅，处事得体、懂得尊重别人，同时也爱惜自己，有个性、有智慧、有思想的女性才能堪称世间尤物，可遇不可求，堪称完美。一个有文化和内涵、善于交谈和举止得体的女性，气度是她的最好妆品，无论走到哪里，都是美丽的风景。

知性需要充沛丰富的内心

除了夸赞一个女性的外表，人们还常会用“内秀”来形容女性。这种女性，不仅有文化知识，更有开阔的胸襟。就如法国作家雨果所说：“比大海宽阔的是天空，比天空宽阔的是人的胸怀。”只是真能做到如此的女

性并不多，因为内心丰富，有着人生智慧的知性来自天长日久的镌刻，不是谁都可以效仿的。不懂得关注内在成长的女性，自然也担不起“内秀”的美誉。

睿智女性必有一颗坚定的内心，当自信成为你内心活跃的力量，你自然也便有了更有意义、更有动力的生命姿态。聪明的你应该知道如何快速丰富内心提升内涵，更应该知道学习是最便捷的途径，并愿意从各种途径汲取知识，开阔眼界，成就自己。

鲜明迷人的个性

初次相识，你的美貌常具有强大的杀伤力，但随着交往加深，长久吸引人的一定是你的个性。个性看似笼统，却维度分明，体现在你的性格、品质、意志、情感、态度等方方面面，以及你的言语方式、行为方式和情感方式中。就如罗曼·罗兰所说："有才华的女性可以吸引男性，善良的女性可以鼓励男性，美丽的女性会让男性着迷，而有个性的女性，则会让男性魂牵梦绕。"

你必须用真心对待一切，同时也要经常提醒自己，凡事适度，不必庸人自扰。有内涵的女性都是随心而活，她们不需要别人的肯定，也无须在意别人的眼光。她们懂得正视自己的内心，坚持自我，从始至终只追求做最真实的自己，对生活不苟且，对人生不随便。通过个人妆容、色彩搭配、审美认知、积极向上的生活态度等方面，打造属于自己的鲜明个性。

闲逸高雅的志趣

作家苏岑说："生活都会用平淡沉沦你的热情，唯有情趣能让你跟强悍的现实打个平手。有趣的人，一碗粥也能喝出玫瑰的气息。"可见高雅的志趣可为你的生活锦上添花，酷爱美食的你可借一份别致的小甜点让下午茶更惬意；喜欢读书的你可尽情徜徉书海，感知与欣赏书中的世界；若是喜爱绿植，再忙也要抽时间选购一些花草扮靓居室。

从某种程度讲，志趣不是工作，也不是谋生手段，却承载着灵魂，是你的精气神所在，作为女性，你若缺少志趣很容易失去魅力，最后沦为平庸。生活是忙碌的，也是枯燥的，那些将日子过得五彩斑斓的女性，少不了志趣的陪伴，也只有这样的女性才知道如何在柴米油盐的平淡生活中，感受世间的浪漫与快乐。

智慧与知性美

有些人离开校园便意味着学习的终结，就算有时间，也难以提起学习的精神。在林清玄看来，多读书、多欣赏艺术作品、多思考是女性最高级别的妆容，因为，这可以让女性对生活保持乐观的心态，拥有独特的气质与修养。培根说："读史使人明智，读诗使人灵秀，数字使人周密，科学使人深刻，伦理使人庄重，逻辑修辞使人善变。"你如果有时间，应该加

入读书俱乐部，或去听听歌剧、参加演讲等活动，这样，你就可以不断地汲取营养，开启心智。

所谓“腹有诗书气自华”，只有通过不断地学习，才能加强自我修养，增长智慧，并最终形成自己的独特风格，成就你的知性美。

一个气质出众，有内涵的女性，并不是上天的恩泽，而是后天修炼的结果，这一切主要来源于智慧、来源于知识、来源于修养。一个人在自己的生活经历中，在自己所处的社会境遇中，如何塑造自我形象，将在很大程度上影响或决定一个人的未来。具有知性美的女性，所焕发出的光彩当中，最持久、最深刻的一种便是智慧带来的优雅，这不仅需要时间的陶冶，更需要智慧的修养。

后记

多年来，我一直在潜心研究形象管理的理论与方法，并著书立说，同时研发了各种形象美学培训课程。不仅有为普通女性开设的形象管理课，也有为职场女性提升职业形象的各类培训。我希望通过本书以及我在抖音、视频号、小红书等线上视频课与线下课程相结合，来唤醒女性对美的重视，提升女性的美商和审美力，让女性内外兼修，真正活出自我与自信。

形象管理是一套专业的体系，每个人都有自己的形象 DNA，但大多数人都不知道如何匹配 DNA 来管理好自己的形象。要想改变传统的观念，这份使命任重而道远。我愿用我的一生来助推传播形象美学、提升国人形象的事业。

借此出书之机，我特别感恩家人一直默默地支持，同时感谢 20 多年来信任我的学员和跟随我的团队，他们是我勇往直前的动力，使我感受到工作带来的价值感。更要感谢这个时代，让每一位女性可以独立绽放、活出精彩！